これでわかる算数 小学4年 文章題・図形

文英堂編集部　編

文英堂

この本の特色と使い方

❶ 教科書にピッタリあわせている。

❷ たいせつなこと(要点)がわかりやすく, ハッキリ書いてある。

❸ かくにんテストやチャレンジテストなど問題がたくさんのせてある。

❹ 問題の考え方やとき方が, 親切に書いてあり, 実力が身につく。

❺ カラーの図や表がたくさんのっているので, 楽しく勉強できる。中学入試にも利用できる。

この本は, 全国の小学校・じゅくの先生やお友だちに, "どんな本がいちばん役に立つか"をきいてつくった参考書です。

この本の組み立てと使い方

● その単元で勉強することをまとめてあります。

▷ 予習のときに目を通すと, 何を勉強するのかよくわかります。テスト前にも, わすれていないかチェックできます。

かい説＋問題

たいせつポイント

かくにんテスト

チャレンジテスト

● 各単元は, いくつかの小単元に分けてあります。小単元には「問題」,「かくにんテスト」,「チャレンジテスト」があります。

▷「問題」は, 学習内ようを理かいするところです。ここで, 問題の考え方・とき方を身につけましょう。

▷「コーチ」には,「問題」で勉強することや, 覚えておかなければならないポイントなどをのせています。

▷「たいせつポイント」には, 大事な事がらをわかりやすくまとめてあります。ぜひ, 覚えておいてください。

▷「かくにんテスト」は,「問題」で勉強したことをたしかめるところです。これだけでも, 教科書のふく習は十分です。

▷「チャレンジテスト」は, 時間を決めて, テストの形で練習するところです。少しむずかしい問題も入っています。中学受験などのじゅんびに役立ててください。

おもしろ算数

● 「おもしろ算数」では, ちょっと息をぬき, 頭の体そうをしましょう。

もくじ

もくじ

もくじ

1 大きい数のしくみ

教科書の
まとめ★

☆ 大きい数

▶ 千万の 10 倍が一億。

▶ 千億の 10 倍が一兆。

	10倍		10倍		10倍	
千百十一	千百十一	千百十一	千百十一
兆		億		万		

大きい数は，右（一の位）から 4 けたごとに区切ると，読みやすい。

☆ 数のしくみ

▶ 10 倍するごとに位が 1 つずつ上がり，$\frac{1}{10}$ にするごとに位が 1 つずつ下がる。

0を1つつけるんだよ。

例　　10倍
　　70億　　　　7億
　　　$\frac{1}{10}$

0を1つとるんだよ。

☆ かけ算（× 3 けたの数）

▶ 2 けたのときと同じように，筆算で計算する。

```
      237
    ×459
    2133   ←237×9=2133
    1185   ←237×50=11850
    948    ←237×400=94800
  108783
```

「全部で～」のことばが問題の文にあるときは，たし算やかけ算の文章題であることが多い。

整数は，4けたごとに新しい単位
　万，億，兆
がつきます。

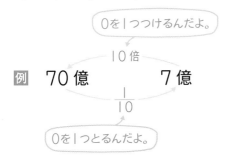

1 大きい数のしくみ

問題1 大きい数

次の数を数字で書きましょう。
(1) 百億を2こ，一万を6こあわせた数
(2) 一兆を4こ，十億を7こ，百万を2こ，千を6こあわせた数

コーチ

● 0，1，2，3，4，5，6，7，8，9の10この数字を使うと，どんな大きい数でも表すことができます。

考え方

(1) 百億が2こで　　200|0000|0000
　　　　　　　　　　　　億　　万
　　一万が6こで　　　　　　　6|0000
　　あわせると　　　200 0006 0000
　　　　　　　　　答　20000060000

(2) 一兆が4こで　4|0000|0000|0000
　　　　　　　　　兆　　億　　万
　　十億が7こで　　70|0000|0000
　　百万が2こで　　　　200|0000
　　千が6こで　　　　　　　6000
　　あわせると　4 0070 0200 6000
　　　　　　　　答　4007002006000

問題2 数のつくり方

0，1，3，5，7，9の6この数字があります。
(1) 6この数字を全部使って，いちばん大きい数といちばん小さい数をつくりましょう。
(2) 400000にいちばん近い数をつくりましょう。

コーチ

● 数をつくるとき，いちばん上の位に0をもっていくことはできません。

考え方

(1) いちばん大きい数→6この数を大きい順にならべると，975310
　　いちばん小さい数→小さい順にならべればよいのですが，0はいちばん上の位にできないので，103579がいちばん小さい数です。　　答　975310，103579

(2) 397510と501379のどちらが400000に近いかを調べます。　　　　　　　　　　答　397510

013579のように答えてはいけません。

整数は，4けたごとに新しい単位，万，億，兆がつきます。
整数は10倍すると位が1つ上がり，10分の1にすると位が1つ下がります。

問題❸ 3けた×3けたのかけ算

コーチ

4年生の遠足のひ用を集めています。1人分のひ用は425円で，4年生は137人います。遠足のひ用は，全部でいくらになるでしょう。

●「1人分のひ用」に「人数」をかけると，「全部のひ用」が出ます。

考え方

1人分のひ用 × 人数 ＝ 全部のひ用 だから，
425×137の計算をすれば，全部のひ用を求められます。

425×137＝58225（円）

答 58225円

```
   425
 × 137
  2975   ←425×7の計算
 1275    ←425×30の計算
 425     ←425×100の計算
 58225
```

筆算のしかたは2けたの数のかけ算のときと同じです。

問題❹ 0がある数のかけ算

コーチ

習字の道具は1人分2400円です。4年生は130人で，全員が買うことになりました。お金は全部でいくらになるでしょう。

考え方

2400円を130人分集めるのだから，
2400×130の計算をすればよいのです。
0がある数の筆算に気をつけましょう。

2400×130＝312000

答 312000円

```
  24|00
× 13|0
    72
  24
 312|000   ←あとで0をつける
```
　　　↑
0がないものとみて計算

● 2400や130のように，数の終わりに0があるかけ算は，0をとって計算します。そして，答えの右に，とった数だけ0をつけます。

● 100×100＝1万
　1万×1万＝1億
　1億×1万＝1兆

例 12万×38万
　＝456 億
　　　　↑
　　1万×1万
　12×38

かくにんテスト①

答え→別さつ2ページ
時間20分　合かく点70点

得点　／100

❶ 〔大きい数の表し方〕
次の数を数字で書きましょう。［各10点…合計20点］
(1)　千億を4こ，十万を3こ，千を6こあわせた数

(2)　十兆を7こ，十億を5こ，百万を1こあわせた数

❷ 〔大きい数の位〕
4973215000000について答えましょう。［各10点…合計40点］
(1)　この数を読みましょう。

(2)　3という数字は，何の位を表していますか。

(3)　千億の位の数字は，何でしょう。

(4)　一兆の位の数字は，何でしょう。

❸ 〔数のつくり方〕
0から9までの10この数字を1こずつ使って，10けたの数をつくります。［各12点…合計24点］
(1)　いちばん小さい数を書きましょう。

(2)　15億にいちばん近い数を書きましょう。

❹ 〔数のしくみ〕
3600億の6の数字が表す大きさは，36億の6の数字が表す大きさの何倍でしょう。［16点］

かくにんテスト②

1 〔動物園の入園料〕

182人の子どもが動物園に出かけました。入園料は, 1人分が205円です。

全部で何円になるでしょう。 [20点]

2 〔運べる人数〕

ある鉄道会社の特急電車は, 808人分の席があるそうです。5月には, この特急電車を127本走らせます。

みんなで何人のお客さんを運べることになるでしょう。 [20点]

3 〔おかしの代金〕

1こ320円のおかしがあります。このおかしが170こ売れました。

売り上げは, 全部でいくらでしょう。 [20点]

4 〔大きい数の計算〕

ある市の今年の予算は671億円で, 前の年の予算は657億円だったそうです。

ちがいはいくらでしょう。 [20点]

5 〔0がある数のかけ算〕

42×17=714を使って, 次の答えを求めましょう。 [各5点…合計20点]

(1) 420×170

(2) 4200×1700

(3) 42万×17万

(4) 42億×17万

1 ある年のわが国の予算は，約82兆円でした。
これを数字で書くとき，2のあとに0をいくつつけたらよいでしょう。

[20点]

2 0から7までの数字を書いたカードが，1まいずつあります。このカードを使って8けたの数をつくります。
次のような数を書きましょう。 [各8点…合計32点]

(1) いちばん大きい数

(2) いちばん小さい数

(3) 2ばんめに大きい数

(4) 2ばんめに小さい数

3 4年生109人の遠足はバスで，1人分453円かかりました。5年生117人の遠足は電車で，1人分430円かかりました。
学年全部のひ用は，どちらの学年がいくら安いでしょう。 [20点]

4 ある店で，10日間に，右のような品物が売れました。それぞれの品物の売り上げはいくらでしょう。 [各14点…合計28点]

品　　物	1つのねだん	売れた数
Tシャツ	875円	126まい
くつ下	260円	345足

(1) Tシャツの売り上げ

(2) くつ下の売り上げ

2 角の大きさ

教科書の
まとめ

☆ 角

▶ 1つの頂点から出ている2つ
の辺がつくる形を**角**という。

▶ **角の大きさ**は，2つの辺の開
きぐあいできまる。

☆ 角の大きさの単位

▶ 直角を90等分した1つ分の
大きさを**1度**といい，**1°**と書く。

1直角＝90°

▶ 角の大きさは**分度器**ではかる。

☆ 三角じょうぎの角

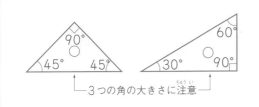

3つの角の大きさに注意

☆ 回転の角

▶ 半回転したときの角の大きさは
2直角（180°） ← 半回転の角

▶ 1回転したときの角の大きさは
4直角（360°） ← 1回転の角

☆ 時計のはり

▶ 時計の長いはりは，1時間に
360°回る。

▶ 時計の短いはりは，1時間に
30°回る。

「角」の文章題では，三角じょう
ぎの角，時計のはりの回る角度を
知っておくことがポイント。

1 角の大きさ

問題1 角の大きさ

下の図のあ, ⓘの角度は, それぞれ何度でしょう。計算で求めましょう。

(1)
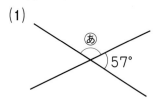

(2)
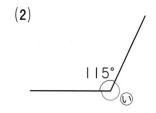

考え方

(1) あの角度と 57° をたすと, 半回転したときの角になります。

半回転したときの角の大きさは, 180°

あの角度は, 180°−57°=123°　　**答** 123°

(2) ⓘの角度と 115° をたすと, 1回転したときの角になります。1回転したときの角の大きさは, 360°

ⓘの角度は, 360°−115°=245°　　**答** 245°

● 角をつくる2つの辺が一直線になったときの角の大きさは,

2直角=180°

です。

● 角の大きさのことを, 角度ともいいます。

半回転の角は180°
1回転の角は360°

問題2 三角じょうぎの角

1組の三角じょうぎを組み合わせて, 右のような角をつくりました。あとⓘの角度は, それぞれ何度でしょう。

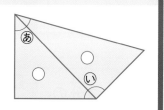

考え方

三角じょうぎの角度は, 次のようになっています。

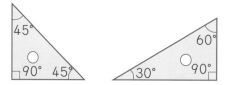

あの角は, 45°の角と 30°の角を組み合わせています。

45°+30°=75°

ⓘの角は, 45°の角と 90°の角を組み合わせています。

45°+90°=135°　　**答** あ 75°　ⓘ 135°

● 三角じょうぎのそれぞれの角度は, 分度器を使わなくても, 計算で求められます。

● 1組の三角じょうぎを組み合わせると, 下のような角度をつくることができます。

15°, 75°, 105°, 120°, 135°, 150°, 180°

●⌐ は直角の印

たいせつ ポイント 半回転したときの角の大きさは，180°，1回転したときの角の大きさは，360°
三角じょうぎの角は，45°，45°，90° と，30°，60°，90° の2種類。

問題 3 向かい合った角

右の図の⑤と◎の角度は，それ
ぞれ何度でしょう。計算で求め
ましょう。

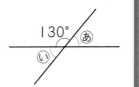

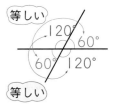

考え方

⑤の角度と130°，◎の角度と130°をたした角度
は，一直線になっているので180°です。

⑤…180°−130°＝50°　┐
◎…180°−130°＝50°　┘等しい

2つの直線が交わっているとき，向かい合った角の大きさは
等しくなります。上の図で，◎の角はⓐの角と向かい合って
いるので，◎の角度＝ⓐの角度から，50°と求めることもで
きます。

答 ⑤ 50°　◎ 50°

問題 4 時計のはり

下の時計で，長いはりと短いはりの間の角度は，そ
れぞれ何度でしょう。

(1) 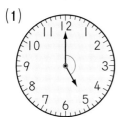　　(2)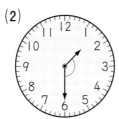

考え方

時計の大きいめもりは，直角が3等分されている
ので，1めもりは30°です。
└──90°÷3＝30°

(1)　長いはりと短いはりの間は，大きいめもりの5つ分です。
　　30°×5＝150°
答 150°

(2)　1時半のとき，短いはりは1と2のめもりの真ん中にあ
　　ります。30°×4＋15°＝135°
答 135°
　　　　　　└──30°の半分

かくにんテスト①

答え → 別さつ3ページ
時間**20**分　合かく点**70**点

得点 /100

① 〔角の大きさ〕
次の⑤〜⑦の角度は，それぞれ何度でしょう。計算で求めましょう。

[各10点…合計30点]

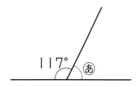

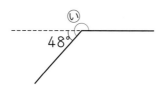

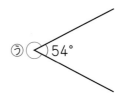

② 〔三角じょうぎの角〕
1組の三角じょうぎを組み合わせて，下のような角をつくりました。
⑤〜⑰の角度は，それぞれ何度でしょう。[各5点…合計30点]

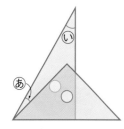

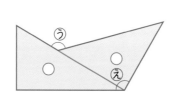

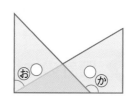

③ 〔重なった角〕
右の図のように，長方形の紙を折りました。
⑤の角度は，何度でしょう。[16点]

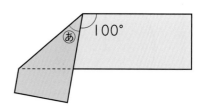

④ 〔回転の角〕
次の（　）の中に，あてはまる数を書きましょう。[各8点…合計24点]

(1) 360°は，（　　　　　）直角です。

(2) 150°は，（　　　　　）直角と60°をあわせた角度です。

(3) 320°は，3直角より（　　　　　）°大きい角度です。

かくにんテスト②

答え→別さつ4ページ
時間**20**分 合かく点**70**点

得点 ／100

❶〔向かい合った角〕
次の㋐〜㋑の角度は、それぞれ何度でしょう。 [各6点…合計24点]

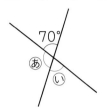

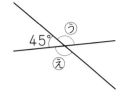

❷〔時計の角〕
下の時計で、長いはりと短いはりの間の角の大きさは、それぞれ何度でしょう。 [各10点…合計30点]

(1)

(2)
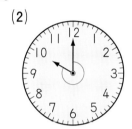

(3)
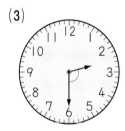

❸〔時間と角度〕
時計の長いはりが、次の時間に回る角度は、それぞれ何度でしょう。

[各8点…合計32点]

(1) 15分間

(2) 25分間

(3) 40分間

(4) 1時間

❹〔時間と時計のはりの回転〕
次の（ ）の中に、あてはまる数を書きましょう。 [各7点…合計14点]

(1) 午後3時15分から、午後3時45分までの間に、長いはりは（ ）°回ります。

(2) 午前9時30分から、午前11時までの間に、短いはりは（ ）°回ります。

チャレンジテスト

1 次の⑦〜⑨の角度は，それぞれ何度でしょう。[各6点…合計24点]

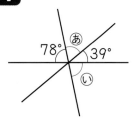
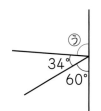
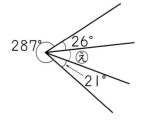

2 1組の三角じょうぎを組み合わせて，下のような角をつくりました。
⑦〜⑰の角度は，それぞれ何度でしょう。[各4点…合計24点]

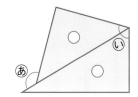
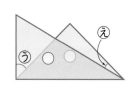
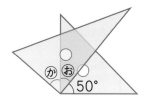

3 時計の短いはりが，次の時間に回る角度は，それぞれ何度でしょう。

[各8点…合計32点]

(1) 2時間

(2) 9時間

(3) 5時間30分

(4) 8時間30分

4 次の〔　　〕の中に，あてはまる数を書きましょう。[各4点…合計20点]

(1) 時計の長いはりは，1分間に〔　　　〕°回り，短いはりは10分間に〔　　　〕°回ります。

(2) 時計の長いはりが60°回るには〔　　　〕分間かかり，短いはりが90°回るには〔　　　〕時間かかります。

(3) 時計の長いはりが15分間で回る角度は，短いはりが2時間で回る角度より〔　　　〕°大きい。

3 わり算の筆算(1)

☆ 何十，何百のわり算

$$60 \div 3 = 20$$

$$600 \div 3 = 200$$

6÷3＝2 をもと
にして計算する

☆ わり算の筆算(1)

・75÷4

$$
\begin{array}{r}
1 \\
4)\overline{75} \\
\underline{4} \\
3
\end{array}
\Rightarrow
\begin{array}{r}
1 \\
4)\overline{75} \\
\underline{4} \\
35
\end{array}
\Rightarrow
\begin{array}{r}
18 \leftarrow 商 \\
4)\overline{75} \\
\underline{4} \\
35 \\
\underline{32} \\
3 \leftarrow あまり
\end{array}
$$

☆ わり算の筆算(2)

・364÷7 の筆算

百の位に
商は
たたない

$$
\begin{array}{r}
5 \\
7)\overline{364} \\
\underline{35} \\
1
\end{array}
\Rightarrow
\begin{array}{r}
52 \\
7)\overline{364} \\
\underline{35} \\
14 \\
\underline{14} \\
0
\end{array}
$$

☆ 倍の計算

何倍かを考えるときは，もとに
なる数でわる。

$$48 \div 6 = 8 \longleftrightarrow 48 は 6 の 8 倍$$

1 わり算(1)

問題 1 　2けた÷1けた(あまりのないわり算)

81このあめを，3人で同じ数ずつ分けます。
1人分は何こになるでしょう。

コーチ

● 全部の数÷人数
＝1人分の数
● わり算の筆算では，どの位から商がたつかに気をつけます。

考え方　全部のあめの数を分ける人数でわるので，求める式は，81÷3になります。
筆算で，次のように計算します。

$$
\begin{array}{r} 2 \\ 3)\overline{81} \end{array}
\Rightarrow
\begin{array}{r} 2 \\ 3)\overline{81} \\ \underline{6} \\ 2 \end{array}
\Rightarrow
\begin{array}{r} 2 \\ 3)\overline{81} \\ \underline{6} \\ 21 \end{array}
\Rightarrow
\begin{array}{r} 27 \\ 3)\overline{81} \\ \underline{6} \\ 21 \\ 21 \end{array}
\Rightarrow
\begin{array}{r} 27 \leftarrow 商 \\ 3)\overline{81} \\ \underline{6} \\ 21 \\ \underline{21} \\ 0 \end{array}
$$

8÷3で　　3×2＝6　　1をおろす　　21÷3で　　3×7＝21
2をたてる　8から6を　　　　　　7をたてる　21から21を
　　　　　ひいて2　　　　　　　　　　　　ひいて0

81÷3＝27　　　　　　　　　　　　　　**答** 27こ

たし算の答えを和，ひき算の答えを差，かけ算の答えを積，わり算の答えを商といいます。

問題 2 　2けた÷1けた(あまりのあるわり算)

94本のえん筆を，1人に6本ずつ配ると，何人に分けられて，何本あまるでしょう。

コーチ

● 全部の数÷1人分の数＝人数

● あまりのあるわり算では，
わる数×商
＋あまり
＝わられる数
という関係があります。

考え方　全部の本数を1人分の本数でわるので，求める式は，94÷6になります。
筆算で，右のように計算します。

94÷6＝15あまり4

答 15人に分けられて，4本あまる

$$
\begin{array}{r} 15 \\ 6)\overline{94} \\ \underline{6} \\ 34 \\ \underline{30} \\ 4 \leftarrow あまり \end{array}
$$

たしかめ　6 × 15 ＋ 4 ＝ 94　　➡正しい
　　　　　　 ↑　 ↑　 ↑　 ↑
　　　わる数　商　あまり　わられる数

かくにんテスト

1 〔1台のバスに乗る人数〕

遠足で，320人が同じ人数ずつ，8台のバスに分かれて乗ります。

1台のバスに，何人ずつ乗ればよいでしょう。 [20点]

2 〔ねだんの上がり方をくらべる〕

あるスーパーでは，ジャガイモのねだんが1こ60円から180円に，大根のねだんが1本120円から240円に上がっていました。ジャガイモと大根では，ねだんの上がり方が大きいのは，どちらですか。 [20点]

3 〔必要な画用紙の数〕

画用紙1まいから4まいのカードが作れます。

カードを84まい作るのに，画用紙は何まいいるでしょう。 [20点]

4 〔名ふだの数〕

90cmのテープを，7cmずつに切って，名ふだを作ります。

何こ作れて，何cmあまるでしょう。 [20点]

5 〔ボールペンの数〕

8ダースのボールペンを，5クラスに同じ数ずつ配ります。

1クラス分は何本になって，何本あまるでしょう。 [20点]

2 わり算(2)

問題❶ 3けた÷1けた （商が3けた）

ゆみさんの小学校の子どもの数は，582人です。3人ずつのグループに分けると，グループはいくつできるでしょう。

● 2けた÷1けたのときと同じように，筆算で計算します。

商をたてる
↓
かける（わる数×商）
↓
ひく（わられる数－かけた数）
↓
おろす

全部の子どもの数を1つのグループの人数でわるので，求める式は，582÷3になります。
筆算では，次のように計算します。

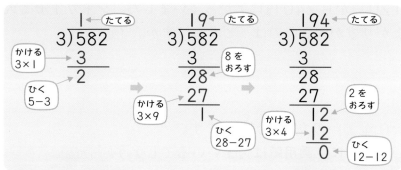

582÷3＝194

答 194グループ

● 商がどの位からたつかに気をつけます。

● はじめの位に商がたたないときは，あけておきます。とちゅうの位に商がたたないときは，0を書きます。

問題❷ 3けた÷1けた （商が2けた）

275このりんごを，8箱に同じ数ずつつめて出荷します。1箱分は何こになり，何こあまるでしょう。

りんごの数を箱の数でわります。

275÷8の筆算は，右のようになります。2÷8より，百の位に商はたたないので，商は十の位からたてます。

275÷8＝34 あまり3

```
  27÷8 より
  十の位に
  3をたてる ──→  34 ←商
              8)275
               24
               35
               32
                3 ←あまり
```

答えのたしかめをしておこう。

答 1箱分34こで，3こあまる

たしかめ
8 × 34 ＋ 3 ＝ 275 ➡正しい
わる数　商　あまり　わられる数

わり算の筆算で，はじめの位に商がたたないときは，あけておきます。
とちゅうの位に商がたたないときは，0を書きます。

たいせつ
ポイント

問題3 4けた÷1けた

いちごを6パック買って，3276円はらいました。いちごは，1パック何円だったでしょう。

コーチ

● わられる数が4けたになっても，3けたのときと同じように計算できます。

〔商のたつ位〕

● わられる数のいちばん左の位の数が，わる数より小さいときは，次の位から商がたちます。

考え方 1パック分のねだんは，3276÷6で求めます。
わられる数が4けた，5けた，…と大きくなっても，これまでと同じように，筆算で計算できます。

```
      5              54              546
  6)3276         6)3276          6)3276
    30              30              30
     2              27              27
                    24              24
                     3              36
                                    36
                                     0
```

32÷6=5あまり2   27÷6=4あまり3   36÷6=6

3276 ÷ 6 = 546

答 546円

問題4 倍の計算

あやさんが持っているシールの数は，妹のシールの数の7倍で，56まいです。妹のシールの数は，何まいでしょう。

コーチ

● 求める数を□として，かけ算の式で表しましょう。
●「7倍」とは，妹のシールの数を1としたとき，56まいが7にあたることを表しています。

考え方 妹のシールの数を□まいとして図に表すと，下のようになります。

かけ算の式に表すと，□×7=56となります。

□にあてはまる数は，わり算で求めます。

56÷7=8

1とした数のことを「もとにする数」ともいうよ。

答 8まい

かくにんテスト①

答え→別さつ6ページ
時間20分　合かく点80点
得点　／100

1 〔1mのねだん〕

リボンを 8m 買って，920 円はらいました。
このリボン 1m のねだんは何円でしょう。 [20点]

2 〔おはじきを配れる人数〕

435 このおはじきを，1 人に 4 こずつ配ります。
何人に配れて，何こあまるでしょう。 [20点]

3 〔必要な長いすの数〕

あきらさんの小学校の 728 人の子どもが，3 人
ずつ長いすにすわっていきます。
全部の子どもがすわるには，長いすは何きゃく必
要でしょう。 [20点]

4 〔1 年の週の数〕

1 年は 365 日です。（うるう年をのぞく。）
これは，何週と何日でしょう。 [20点]

5 〔みかんのふくろの数〕

みかんが 26 こずつはいっている箱が 8 こあります。
このみかんを，6 こずつふくろに入れていくと，何ふくろできて何こあま
るでしょう。 [20点]

かくにんテスト②

答え→別さつ6ページ
時間**20**分　合かく点**60**点

得点 /100

1 〔配れる人数〕
　花の球根が1884こあります。3こを1組にしてお店で配ります。何人に配ることができるでしょう。[20点]

2 〔1か月にちょ金する金がく〕
　ゆうきさんは2850円のサッカーボールを買うために，毎月同じ金がくずつちょ金をすることにしました。
　5か月でちょうど2850円ためるには，1か月に何円ずつちょ金すればよいでしょう。[20点]

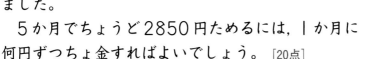

3 〔何倍かを求める〕
　たくやさんのお父さんの体重は76kgで，たくやさんの弟の体重は4kgです。
　お父さんの体重は，弟の体重の何倍でしょう。

[20点]

4 〔もとにする数を求める〕
　筆箱のねだんは，サインペンのねだんの6倍で，840円です。
　サインペンのねだんは何円でしょう。[20点]

5 〔1本分のねだんを求める〕
　かんジュースは8本で544円です。かんコーヒーは，5本で365円です。
　1本のねだんは，どちらが何円高いでしょう。[20点]

チャレンジテスト

1 ある数に9をたした数を4でわると, 商は19で, あまりは3になりました。
ある数を求めましょう。 [20点]

2 ちはるさんの小学校の4年生は143人です。
ダンスをするのに, 4人か5人のグループに分かれます。
4人のグループができるだけ多くなるようにすると, 4人のグループは何グループになるでしょう。

[20点]

3 376本のカーネーションを, 8本ずつに分けて花束を作ります。とちゅうで, 残りのカーネーションの数を調べると, 128本でした。
今, 花束は何束できているでしょう。 [20点]

4 あゆみさんたちは, 8人で同じ数ずつ, あわせて1000羽の折りづるを作ることにしました。あゆみさんは, 持っている折り紙280まいの中から作ります。
あゆみさんの折り紙の残りは, 何まいになるでしょう。 [20点]

5 なおきさんは, 牛にゅうを毎日同じかさずつ飲んで, 5日間で1L200mL飲みました。なおきさんのお兄さんは, 6日間で, 1L500mL飲んだそうです。
お兄さんは, 1日に, なおきさんより何mLずつ多く飲んだことになるでしょう。

[20点]

4 垂直・平行と四角形

教科書の
まとめ★

☆ 直線の交わり方とならび方

▶２本の直線が直角に交わっているとき, この２本の直線は, **垂直**であるという。

▶１本の直線に垂直な２本の直線は, **平行**である。

▶平行な直線のはばは, どこも等しい。また, どこまでのばしても交わらない。

☆ いろいろな四角形

台形…向かい合った１組の辺が平行な四角形

平行四辺形…向かい合った２組の辺がどちらも平行な四角形

ひし形…４つの辺の長さがすべて等しい四角形

長方形…４つの角が直角である四角形

正方形…４つの辺の長さが等しく, ４つの角が直角である四角形

直線の交わり方とならび方

問題 1 　垂直と平行

右の長方形ABCDについて,次の問いに答えましょう。

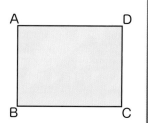

(1) 辺ABに垂直な辺はどれですか。すべて答えましょう。

(2) 辺ABに平行な辺はどれでしょう。

コーチ

● 直角に交わる2本の直線は,垂直です。

● 1本の直線に垂直な2本の直線は,平行です。

● 長方形や正方形のとなり合う辺は垂直で,向かい合う辺は平行です。

考え方

(1) 辺ABと直角に交わっている辺が,辺ABに垂直な辺です。
長方形の角はみんな直角だか

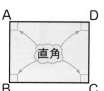

ら,辺ABと,辺AD,辺BCは垂直です。

答 辺AD,辺BC

(2) 1本の直線に垂直な2本の直線は平行です。
辺ABと辺ADは垂直,辺DCと辺ADは垂直だから,
辺ABと辺DCは平行です。　　　　**答** 辺DC

垂直な直線や平行な直線をかくときは,1組の三角じょうぎを使うよ。

問題 2 　平行な直線と角

右の図で,直線㋐と直線㋒は平行です。
ア,イの角は,それぞれ何度でしょう。

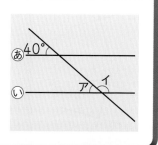

コーチ

● 平行な直線は,ほかの直線と等しい角度で交わります。

考え方

平行な直線に,別の直線が交わるときには,同じ大きさの角ができます。

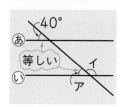

直線㋐,㋒が平行だから,
アの角は40°です。
イの角は,180°−40°=140°

答 アの角…40°
イの角…140°

角ア=角オ
角イ=角カ
角ウ=角キ
角エ=角ク

かくにんテスト

❶ 〔垂直・平行〕

次の（　　）の中に，あてはまることばを入れましょう。 [各10点…合計20点]

(1) あといの直線を垂直にひき，いとうの直線も垂直にひきました。このとき，あとうの直線は，（　　　　　　）です。

(2) あといの直線を平行にひき，いとうの直線を垂直にひきました。このとき，あとうの直線は，（　　　　　　）です。

❷ 〔平行な直線の性質〕

右の図で，あといの直線は平行です。

[各10点…合計20点]

(1) アの角度は何度でしょう。

(2) イの角度は何度でしょう。

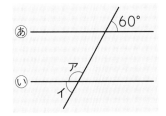

❸ 〔三角じょうぎの角〕

右の図のように，三角じょうぎの頂点ア，イを通って，2本の直線あ，いがあり，力の角度は90°です。

[各15点…合計30点]

(1) エの角度は何度でしょう。

(2) あといの直線が平行になっているとき，オの角度は何度でしょう。

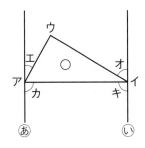

❹ 〔平行な直線と角〕

右の図で，あとい，うとえの直線はそれぞれ平行です。 [各10点…合計30点]

(1) アの角度は何度でしょう。

(2) イの角度は何度でしょう。

(3) ウの角度は何度でしょう。

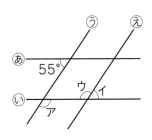

② いろいろな四角形

問題①　台　形

右の図で，直線あと直線いは平行です。

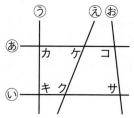

(1) 4本の直線でかこまれた四角形カキクケには，平行な辺は何組あるでしょう。

(2) 四角形カキクケは，どんな四角形でしょう。また，このような四角形は他にいくつありますか。

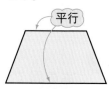

● 向かい合った1組の辺が平行な四角形を台形といいます。

平行

(1) 直線あと直線いは平行ですから，辺カケと辺キクは平行です。辺カキと辺ケクは平行ではありません。　　　　　　　　　答　1組

(2) 向かい合った1組の辺が平行ですから台形です。四角形カキサコ，ケクサコも台形です。　　答　台形，2つ

● 向かい合った2組の辺が平行な四角形を平行四辺形といいます。

問題②　平行四辺形

はばのちがう2本の長方形のテープを重ねると，四角形ができました。
できた四角形アイウエは，何という四角形でしょう。

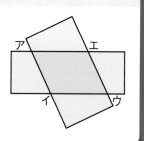

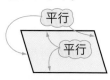

● 平行四辺形には，次のようなせいしつがあります。

①向かい合った辺の長さは等しい。

②向かい合った角の大きさは等しい。

長方形の向かい合った辺は平行です。
ですから，できた四角形アイウエで，

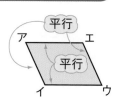

・辺アイと辺エウは平行
・辺アエと辺イウは平行

向かい合った2組の辺が平行ですから，四角形アイウエは平行四辺形です。

　　　　　　　　　　答　平行四辺形

向かい合った1組の辺が平行な四角形を台形，2組の辺が平行な四角形を平行四辺形，4つの辺がどれも同じ長さの四角形をひし形といいます。

問題3　ひし形

右の図のように，折り紙を4つに折って，㋐の線で切り取ります。
これを広げると，どんな四角形ができるでしょう。

　4まい重ねて切っているので，広げた四角形は，すべての辺の長さが等しくなります。4つの辺がどれも同じ長さの四角形はひし形です。

答 ひし形

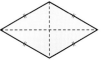　4つの辺がどれも同じ長さの四角形をひし形といいます。

●ひし形には，次のようなせいしつがあります。

①向かい合った2組の辺が平行である。

②向かい合った角の大きさは等しい。

問題4　四角形の対角線

下の図のア，イ，ウ，エ，アを順につなぐと，何という四角形ができるでしょう。

(1)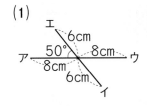

(2)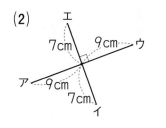

　2本の対角線の交わり方を見ます。
(1)　2本の対角線がそれぞれの真ん中の点で交わっているので，平行四辺形です。　**答** 平行四辺形

(2)　2本の対角線がそれぞれの真ん中の点で直角に交わっているので，ひし形です。
答 ひし形

●四角形の向かい合った頂点を結んだ直線を，対角線といいます。

●どんな四角形にも対角線は2本あります。

　四角形の対角線の長さや交わり方
・平行四辺形…真ん中の点で交わる
・ひし形…真ん中の点で直角に交わる
・長方形…長さが等しく，真ん中の点で交わる
・正方形…長さが等しく，真ん中の点で直角に交わる

かくにんテスト①

1 〔平行な直線，垂直な直線〕

右の図で，あといの直線，うとえの直線は，それぞれ平行です。また，あとおは垂直に交わっています。[各8点…合計40点]

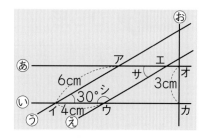

(1) 四角形アイウエは，何という四角形でしょう。

(2) 四角形エウカオは，何という四角形でしょう。

(3) 辺アエの長さは何cmでしょう。

(4) サの角度は何度でしょう。

(5) シの角度は何度でしょう。

2 〔台形と平行四辺形〕

下の図の中で，台形と平行四辺形を見つけましょう。[各15点…合計30点]

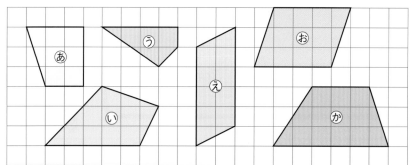

3 〔特別な四角形のせいしつ〕

次の（　）の中に，あてはまることばを書きましょう。[各10点…合計30点]

(1) 台形は，向かい合った1組の辺が（　　　　　）な四角形です。

(2) 平行四辺形の向かい合った辺の長さは（　　　　　）。

(3) 平行四辺形の向かい合った角の大きさは（　　　　　）。

かくにんテスト②

答え→別さつ9ページ
時間**20**分　合かく点**70**点

得点 ／**100**

① 〔ひし形のせいしつ〕
下の図はひし形です。（　　　）にあてはまる数を書きましょう。

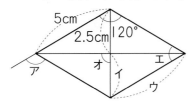

アの角度……（　　　）°　　[各8点…合計40点]

イの長さ……（　　　）cm

ウの長さ……（　　　）cm

エの角度……（　　　）°

オの角度……（　　　）°

② 〔正方形のせいしつ〕
次の文の（　　　）にあてはまることばを入れましょう。　[各10点…合計20点]

(1)　正方形は4つの（　　　　　）が等しい長方形ともいえます。

(2)　正方形は4つの（　　　　　）が等しいひし形ともいえます。

③ 〔四角形の対角線〕
四角形の対角線について説明しています。どんな四角形について，説明しているのでしょう。四角形の名前を答えましょう。　[各10点…合計40点]

(1)　2本の対角線の長さは等しくありません。それぞれの真ん中の点で交わっていますが，直角には交わっていません。

(2)　2本の対角線の長さが等しく，それぞれが真ん中の点で交わっています。しかし，直角には交わっていません。

(3)　2本の対角線の長さは等しくありません。しかし，それぞれが真ん中の点で，しかも直角に交わっています。

(4)　2本の対角線の長さが等しく，それぞれの真ん中の点で直角に交わっています。

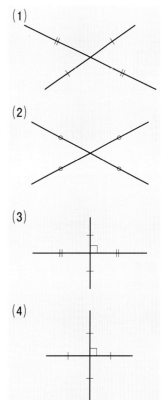

チャレンジテスト

答え→別さつ9ページ
時間20分　合かく点60点　得点 ／100

1 右の図の四角形アイウエは正方形です。次の問いに答えましょう。［各10点…合計20点］

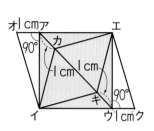

(1) 四角形カイキエは，どんな四角形でしょう。

(2) 四角形オイクエは，どんな四角形でしょう。

2 下の説明が必ずあてはまる四角形を，台形，平行四辺形，ひし形，長方形，正方形のうちからすべて選びましょう。［各10点…合計40点］

(1) 2本の対角線の長さが等しい。

(2) 2組の向かい合う辺が平行。

(3) 対角線が直角に交わる。

(4) 2組の向かい合う辺の長さが等しい。

3 正三角形の1つの角の大きさは60°です。右の図のように，正三角形アイウの辺アウに平行な直線㋐をひきました。［各10点…合計20点］

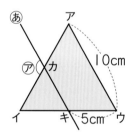

(1) ㋐の角度は何度でしょう。

(2) 辺アウの長さは10cmです。辺カキの長さは何cmでしょう。

4 下の図の形の三角じょうぎ2まいをならべて，つくることができない図形はどれですか。次のア～キまでの中からすべて選び，記号で答えましょう。［20点］

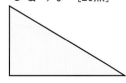

ア　二等辺三角形　　イ　直角二等辺三角形
ウ　正三角形　　　　エ　平行四辺形
オ　長方形　　カ　ひし形　　キ　正方形

5 折れ線グラフ

教科書の
まとめ

☆ 折れ線グラフ

▶ 右のような
グラフ。直
線のかたむ
きぐあいで，
変わってい
くもののようすを表す。

へやの温度

(度)
20
10
0

　8 10 12 2 4 (時)
午前　　　午後

▶ 折れ線グラフは，同じもの
（気温など）が時間によって変わ
っていくようすを見るのに使う。

☆ 折れ線グラフの読み方

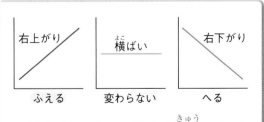

右上がり

横ばい

右下がり

ふえる　　　変わらない　　　へる

▶ 折れ線のかたむきが急である
ほど，変わり方が大きい。

☆ 折れ線グラフのかき方

①横のじくに，時こくや日，年
　などをとり，めもりをつける。
②たてのじくに数量をとり，
　１めもりの大きさを決めて，
　めもりをつける。
③それぞれの数量を表す点をう
　つ。
④点と点を直線でつなぐ。
⑤表題を書く。
▶ 変わり方が小さいときは，と
ちゅうのめもりを省くとよい。
（〜の印を入れておく。）

グラフを読むときは，まず，たて
のじくの１めもりの大きさを調べ
ることがたいせつである。

1 折れ線グラフ

問題 1 折れ線グラフの読み方

右の折れ線グラフは，へやの温度を調べたものです。

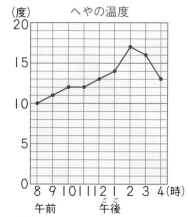

(1) 午前9時の温度は，何度でしょう。

(2) 温度がいちばん高い時こくと，そのときの温度を答えましょう。

(3) 温度がいちばん上がったのは，何時から何時の間でしょう。

(4) 温度が変わらなかったのは，何時から何時の間でしょう。

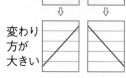

〔折れ線グラフのかたむき〕

折れ線グラフでは，変わり方が大きいほど線のかたむきが急になります。

変わらない

考え方 まず，1めもりの大きさを調べましょう。

たてのじくの1めもりは，1度を表しています。

(1) 午前9時の温度は，横のじくの午前9時のめもりから上がっていき，折れ線グラフと交わった点のたてのじくのめもりを読みとります。

1めもりは1度なので，午前9時の温度は11度です。

答 11度

(2) 折れ線グラフがいちばん高くなった点から，まっすぐ下におりていき，時こくを読みとると，午後2時です。また，いちばん高い点のたてのじくのめもりが，そのときの温度で，17度です。　　**答** 午後2時，17度

(3) 午後2時までは温度が，上がっている，または，変わらない，午後2時からは下がっています。午後2時までで，線のかたむきがいちばん急なところを見つけます。

答 午後1時から2時の間

(4) 温度が変わらなかったのは，グラフの線が横ばいになっているところです。　　**答** 午前10時から11時の間

折れ線グラフは，変わり方のようすを見るのに便利です。

ぼうグラフは，量の大きさをくらべるのに使います。

たいせつ
ポイント
折れ線グラフは，変わっていくようすを表すのに使います。
折れ線のかたむきが急なところほど，変わり方は大きくなります。

問題2 折れ線グラフのかき方

下の表は，ある場所の毎月１日の午後９時の気温を，
４月から10月まで調べたものです。
これを，折れ線グラフに表しましょう。

月	4	5	6	7	8	9	10
気温(度)	16	18	23	28	29	25	20

①横のじくに月をとり，
　４から10までのめ
　もりをつけます。
②たてのじくに気温をとり，１め
　もりの大きさを決めてめもりを
　つけます。
③それぞれの月の気温を表すとこ
　ろに点をうちます。
④点と点を直線でつなぎます。
⑤表題を書きます。

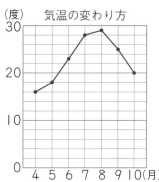

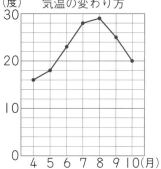

答 上の図

問題3 ２つの折れ線グラフ

右のグラフは，さとしさんとみ
きさんの体重の変わり方を表
しています。
(1) １年のときは，どちらが何
　　kg 重いでしょう。
(2) ２人の体重が同じになった
　　のは，何年のときでしょう。

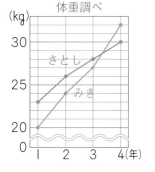

(1) １年のときの，
　　さとしさん…23kg，みきさん…20kg
　　23−20＝3　　**答** さとしさんのほうが 3kg 重い
(2) グラフが重なるところで，3年のときです。　　**答** 3年

コーチ

● いちばん大きい
数量と，いちばん
小さい数量をくら
べて，たてのじく
の１めもりの大き
さをきめます。

問題3のグラフの
ように，〜〜の印
を使って，とちゅ
うのめもりを省い
てもいいよ。

コーチ

● ２つの折れ線の
開きは，体重の差
を表しています。

重なって
いるとこ
ろは体重
が同じで
す。

〔２つの折れ線グ
ラフ〕

● ２つの折れ線グ
ラフを１つのグラ
フにまとめると，
２つの変わり方の
ようすをくらべや
すいです。

かくにんテスト①

答え→別さつ10ページ
時間15分　合かく点70点

得点　／100

1 〔ぼうグラフと折れ線グラフ〕

次のことがらで，ぼうグラフで表すとよいものには○，折れ線グラフで表すとよいものには△を書きましょう。 [各10点…合計60点]

(1) よしきさんのクラスのみんなの体重

(2) かぜをひいた人の１時間ごとの体温

(3) 午前10時の教室，ろう下，屋上，体育館の気温

(4) みさとさんの毎月の体重

(5) 学校でけがをした人の，けがをした場所ごとの人数

(6) ある市の１年ごとの人口

2 〔折れ線グラフを読む〕

右の折れ線グラフは，ある市の１年間の気温の変わり方を調べたものです。 [合計40点]

(1) たてのじくの１めもりは，何度を表しているでしょう。 (12点)

(2) 気温がいちばん高かったのは，何月でしょう。また，それは何度でしょう。

(14点)

(3) 気温の下がり方がいちばん大きかったのは，何月から何月の間でしょう。

(14点)

気温の変わり方

かくにんテスト②

1　〔グラフのめもり〕
　下の図の，点ア，点イの表す数を答えましょう。　[各8点…合計32点]

(1)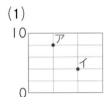
(2)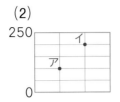
(3)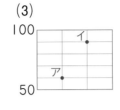
(4)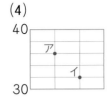

2　〔グラフのかたむき〕
　下のグラフについて答えましょう。　[各15点…合計30点]

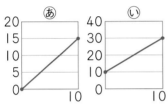 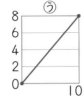 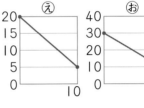 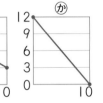

(1)　ふえ方がいちばん大きいのはどれでしょう。

(2)　へり方がいちばん小さいのはどれでしょう。

3　〔体重の折れ線グラフ〕
　次の表は，4月に生まれたとしおさんの弟の体重を，毎月1日にはかったものです。　[合計38点]

月	5	6	7	8
体重(g)	4200	5400	6100	7000

9	10	11	12
7800	8200	8400	8700

(1)　表を折れ線グラフにかきましょう。　(26点)

(2)　体重のふえ方がいちばん大きかったのは，何月と何月の間でしょう。　(12点)

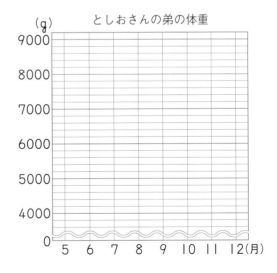

としおさんの弟の体重

チャレンジテスト

答え➡別さつ11ページ
時間20分　合かく点60点

得点　／100

1 右の折れ線グラフは，ある家の１年間の気温といど水の温度の変わり方を表しています。［各15点…合計60点］

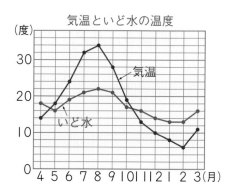

気温といど水の温度

(1) １年で気温がいちばん低かったのは，何月でしょう。また，何度でしょう。

(2) 気温の上がり方がいちばん大きかったのは，何月から何月の間でしょう。

(3) 12月の気温といど水の温度では，どちらのほうが何度低いでしょう。

(4) 気温といど水の温度の差がいちばん大きかったのは何月でしょう。また，その差は何度でしょう。

2 下の表は，さくらさんが１日の気温の変わり方を調べたものです。これを，折れ線グラフに表します。［合計40点］

時こく（時）	午前8	9	10	11	12	午後1	2	3	4
気温（度）	14	18	19	21	24	25	27	26	22

(1) ア，イにあてはまる単位を答えましょう。（10点）

(2) たてのじくの □ にあてはまる数を答えましょう。（10点）

(3) 横のじくのめもりもかいて，折れ線グラフを仕上げましょう。（20点）

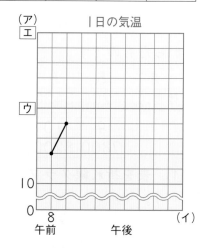

１日の気温

6 小数のしくみ

教科書のまとめ

☆ 小数の表し方

▶ 1 の $\frac{1}{10}$ が 0.1, 0.1 の $\frac{1}{10}$ が 0.01, 0.01 の $\frac{1}{10}$ が 0.001

☆ 小数の位と読み方

$$2 \;.\; 3 \; 6 \; 8$$

↑ 一の位　↑ 小数点　↑ $\frac{1}{10}$ の位　↑ $\frac{1}{100}$ の位　↑ $\frac{1}{1000}$ の位

☆ 小数のしくみ

▶ 10倍ごとに位が1つずつ上がり, $\frac{1}{10}$ ごとに位が1つずつ下がる。

☆ 小数のたし算とひき算

右の位から計算します。

▶ 小数のたし算

$$\begin{array}{r} 3.45 \\ + 4.71 \\ \hline 8.16 \end{array}$$

←── 小数点をそろえる

▶ 小数のひき算

$$\begin{array}{r} 6.32 \\ - 5.6 \\ \hline 0.72 \end{array}$$

←── あいている位は0と考えて計算

←── 0を書いておく

小数の文章題でも, 式のつくり方は整数のときと同じである。小数の計算に注意する。

1 小数の表し方としくみ

問題 1 小数の表し方

たかしさんの走りはばとびの記録は 2m86cm でした。たかしさんの記録を，mの単位で表しましょう。

考え方 10cmや1cmをmの単位になおすとき，小数を用います。

1m ← 100cm ┐ 1mの $\frac{1}{10}$
0.1m ← 10cm ┘
0.01m ← 1cm ← 0.1mの $\frac{1}{10}$

2m86cm は

2m ⟶ 1mが2つ分
80cm ⟶ 0.1mが8つ分
6cm ⟶ 0.01mが6つ分

答 2.86m

	.		
2			
	.	0	8
+ 0	.	0	6
2	.	8	6

〔km, m, cm, mm の関係〕

1000m＝1km
100m＝0.1km
10m＝0.01km
1m＝0.001km
10cm＝0.1m
1cm＝0.01m
1mm＝0.001m

〔kg, g の関係〕
1000g＝1kg
100g＝0.1kg
10g＝0.01kg
1g＝0.001kg

問題 2 小数のしくみ

(1) 0.001は1の何分の1でしょう。

(2) 4.165は0.001をいくつ集めた数でしょう。

コーチ

● 小数は整数と同じように10倍ごとに位が1つずつ左へ進みます。

$\frac{1}{10}$ ごとに位が1つずつ右へ進みます。

考え方

(1)

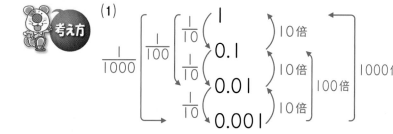

答 $\frac{1}{1000}$

(2) 4.165 は

4	→0.001が	4000こ
0.1	→0.001が	100こ
0.06	→0.001が	60こ
+0.005	→0.001が	5こ
4.165		4165こ

答 4165こ

〔小数の位〕

4 . 1 6 5
↑一の位 ↑小数点 ↑ $\frac{1}{10}$ の位（小数第一位） ↑ $\frac{1}{100}$ の位（小数第二位） ↑ $\frac{1}{1000}$ の位（小数第三位）

かくにんテスト

答え➡別さつ11ページ
時間 15分　合かく点 70点

❶ [小数のしくみ]

次の（　　）の中にあてはまる数を書きましょう。[各6点…合計30点]

(1) 0.07km は（　　　　　）m で, 0.01km の（　　　　　）こ分の長さです。

(2) 0.005kg は（　　　　　）kg の 5 こ分の重さです。

(3) 0.37 は（　　　　　）を 3 こと, 0.01 を（　　　　　）こあわせた数です。

❷ [長さの単位]

ともこさんの家から学校までは 1km402m あります。[各11点…合計22点]

(1) km を単位にして表しましょう。

(2) m を単位にして表しましょう。

❸ [小数のしくみ]

次の数はいくつになるでしょう。[各8点…合計48点]

(1) 0.04 の 10 倍　　　　　　　　(2) 3.24 の 10 分の 1

(3) 4.5 の 100 分の 1　　　　　　(4) 0.17 の 100 倍

(5) 0.1 を 8 こと, 0.001 を 4 こあわせた数

(6) 0.001 を 340 こ集めた数

② 小数のたし算・ひき算

問題① 小数のたし算

お茶が, 大きい水とうには 0.8L,
小さい水とうには 0.4L 入ります。
あわせて何 L はいるでしょう。

 0.8 + 0.4 のたし算をします。
0.8 は, 0.1 が 8 こ
0.4 は, 0.1 が 4 こ

あわせると,
0.1 が (8+4) こで 12 こ
になります。

  0.8+0.4＝1.2

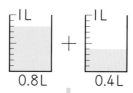

答 1.2L

コーチ

● 小数のたし算
は, 0.1 をもとに
して考えると, 整
数のときと同じよ
うに計算すること
ができます。

0.1Lの10こ分
は 1L になるよ。

問題② たし算の筆算

重さが 1.54kg のバケツに
3.92kg の水を入れました。
全体の重さは, 何 kg になるで
しょう。

 1.54 + 3.92 のたし算をします。
筆算で, 次のように計算します。

```
   1.54          1.54          1.54
 + 3.92   ➡    + 3.92   ➡    + 3.92
               ─────         ─────
               5 46          5.46
```

位をそろえて
たてに書く。

整数と同じよ
うに計算する。

上の小数点にそ
ろえて, 和の小
数点をうつ。

答 5.46kg

コーチ

〔小数のたし算の
筆算〕
①位をそろえて,
 たてに書く。
②整数のたし算と
 同じように, 右
 の位から計算す
 る。
③上の小数点にそ
 ろえて, 和の小
 数点をうつ。

たいせつ
ポイント
小数のたし算，ひき算の筆算は，位をそろえて，整数のときと同じように計算します。和や差の小数点は，上の小数点にそろえてうちます。

問題 3 小数のひき算

1.3L のジュースがあります。
0.6L 飲むと，残りは何 L になるでしょう。

 考え方
1.3－0.6 のひき算をします。
1.3 は 0.1 が 13 こ
0.6 は 0.1 が 6 こ

ひくと，
0.1 が（13－6）こで 7 こ
になります。

1.3－0.6＝0.7

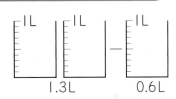

答 0.7L

コーチ

● 小数のひき算も，0.1 をもとにして考えると，整数のときと同じように計算することができます。

1L は，0.1L の 10 こ分だね。

問題 4 ひき算の筆算

赤いリボンの長さは 4.28m，
青いリボンの長さは 1.71m
あります。
どちらが何 m 長いでしょう。

 考え方
4.28 － 1.71 のひき算をします。

```
  4.28        4.28        4.28
－ 1.71  ➡  － 1.71  ➡  － 1.71
             2 57        2.57
```

位をそろえてたてに書く。

整数と同じように計算する。

上の小数点にそろえて，差の小数点をうつ。

答 赤いリボンのほうが 2.57m 長い

 もっとくわしく
「位をそろえる」というのは，「小数点の位置をそろえる」ということです。

コーチ

〔小数のひき算の筆算〕

①位をそろえて，たてに書く。

②整数のひき算と同じように，右の位から計算する。

③上の小数点にそろえて，差の小数点をうつ。

● 和や差の終わりの数が小数点より右で0になったとき，その0は消しておきます。

例 3.2̸0̸ → 3.2

かくにんテスト

1 〔家から駅までの道のり〕

　かずやさんの家から学校までは0.6km，学校から駅までは0.4kmあります。家から，学校の前を通って駅までの道のりは，何kmでしょう。　[18点]

2 〔テープのはばのちがい〕

　さやかさんが家にある2つのテープのはばをはかったら，1.4cmと0.8cmでした。

　2つのテープのはばは，何cmちがうでしょう。

[18点]

3 〔油のかさ〕

　油が，大きいびんに2.75L，小さいびんに0.97Lはいっています。あわせると何Lになるでしょう。　[18点]

4 〔みかんの重さ〕

　みかんをかごに入れて重さをはかったら，3.21kgでした。かごの重さは1.25kgです。みかんは何kgでしょう。　[18点]

5 〔ボール投げのきょり〕

　ボール投げをしました。ともきさんは18.2m投げました。よしきさんは，ともきさんより2.84m遠くまで投げました。あゆむさんは，ともきさんより5.46m近くまでしか投げられなかったそうです。　[各14点…合計28点]

(1)　よしきさんは，何m投げたのでしょう。

(2)　あゆむさんは，何m投げたのでしょう。

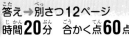

チャレンジテスト①

1 次の数を小数で表しましょう。[各10点…合計20点]

(1) 1を3こと，0.1を7こと，0.01を4こあわせた数

(2) 0.01を260こ集めた数

2 1.48mと0.95mのテープをつなぎました。[各10点…合計20点]

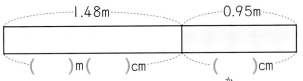
├─────1.48m─────┤├───0.95m───┤
(　　)m(　　)cm　(　　)cm

(1) (　　　　　)にあてはまる数を書きましょう。

(2) 全体の長さは，何mでしょう。

3 なおきさんの体重は34.56kgで，お父さんはなおきさんより41.76kg重いそうです。お父さんの体重は何kgでしょう。[20点]

4 小麦こを入れた入れ物の重さをはかったら，1.4kgでした。入れた小麦この重さは，950gです。
入れ物の重さは何kgでしょう。[20点]

5 ある日のひまわりの高さを調べると，130cmでした。次の日は，それより17mmのびていました。高さは何mになっていたでしょう。[20点]

1 2.6834 という数について, 次の問いに答えましょう。 [各9点…合計36点]

(1) $\dfrac{1}{1000}$ の位の数字は何ですか。

(2) 2.6 とどんな数をあわせた数ですか。

(3) 0.0001 が何に集まった数ですか。

(4) この数より, 0.12 大きい数を書きましょう。

2 ようこさんの学校から, 図書館までは 450m です。図書館から家までは 1.2km あります。 [各10点…合計20点]

(1) ようこさんの家から図書館を通って, 学校までは何 km でしょう。

(2) 家から図書館までと, 学校から図書館までとでは, どちらが何 km 遠いでしょう。

3 お米のはいった入れ物の重さをはかったら, 1.4kg でした。入れ物だけの重さは 860g です。お米の重さは何 kg でしょう。 [14点]

4 たくやさんの体重は 38.21kg で, りくやさんより 2.5kg 重く, ゆうとさんより 1.56kg 軽いそうです。 [各10点…合計30点]

(1) りくやさんの体重は何 kg でしょう。

(2) ゆうとさんは, りくやさんより何 kg 重いでしょう。

(3) 3人の体重の合計は何 kg でしょう。

7 わり算の筆算(2)

☆ 何十でわる計算

10 をもとにして考える。

☆ 2けたでわる筆算(1)

▶ 79÷37 の筆算

$$
\begin{array}{r}
2 \leftarrow 商 \\
37{\overline{\smash{\big)}\,79}} \\
\underline{74} \\
5 \leftarrow あまり
\end{array}
$$

70÷30
↓
7÷3
から
商の見当をつける。

☆ 2けたでわる筆算(2)

▶ 692÷43 の筆算

$$
\begin{array}{r}
1 \\
43{\overline{\smash{\big)}\,692}} \\
\underline{43} \\
26
\end{array}
$$
⇒
$$
\begin{array}{r}
16 \leftarrow 商 \\
43{\overline{\smash{\big)}\,692}} \\
\underline{43} \\
262 \\
\underline{258} \\
4 \leftarrow あまり
\end{array}
$$

☆ わり算のきまり

▶ わられる数とわる数に

{ 同じ数をかけても
  同じ数でわっても

商は変わらない。

例 360 ÷ 60 = 6

×10 ÷10   ×10 ÷10

36 ÷ 6 = 6

☆ 0がある数のわり算

▶ わられる数と
わる数の 0 を,
同じ数だけ消し
て計算するとよ
い。

$$
\begin{array}{r}
14 \\
600{\overline{\smash{\big)}\,8400}} \\
\underline{6} \\
24 \\
\underline{24} \\
0
\end{array}
$$

わり算の文章題で,あまりが出
るときは,問題の意味をよく考え
て,切り捨てたり,切り上げたり
する。

1 2けたでわる筆算

問題 1 2けた÷2けた

ゆかりさんは，92まいの色紙を，23人に同じ数ずつ分けようと思います。1人分は，何まいになるでしょう。

考え方 92÷23の計算を，90÷20とみて，商の見当をつけます。筆算では，次のようになります。

> 90÷20とみて，
> 一の位に4をたてる

$$23)\overline{92}^{\ 4}$$

$$23)\overline{92}^{\ 4}$$
$$\underline{92} \leftarrow 23×4$$
$$0 \leftarrow 92-92$$

92÷23＝4

答 4まい

コーチ
〔商の見当のつけ方〕
● わられる数，わる数をおよその数にして，商の見当をつけます。

92÷23
↓　　↓
90÷20 ➡ 4と見
(9÷2)　　当をつけます。

問題 2 3けた÷2けた

500円で，1本35円のえん筆をできるだけ多く買いたいと思います。何本買えて，何円あまるでしょう。

考え方 500÷35の計算をします。
　商がたつ位に気をつけましょう。
50が35より大きいので，商は十の位からたちます。

> 50÷35で
> 1をたてる

$$35)\overline{500}^{\ 1}$$
$$\underline{35}$$
$$15$$

> 150÷35で
> 4をたてる

$$35)\overline{500}^{\ 14}$$
$$\underline{35}$$
$$150$$
$$\underline{140}$$
$$10 \leftarrow あまり$$

500÷35＝14 あまり 10

答 14本買えて，10円あまる

たしかめ 35×14+10=500 ➡正しい
　↑　　↑　　↑　　↑
わる数　商　あまり　わられる数

コーチ

〔商のたつ位〕
● 3けた÷2けたのわり算では，わられる数の上2けたの数が，わる数より，
① 小さいとき
　→商は一の位にたちます。

$$52)\overline{318}^{\ 6}$$
商は一の位にたつ

② 大きいとき
　→商は十の位からたちます。

$$24)\overline{384}^{\ 16}$$
商は十の位からたつ

たいせつ ポイント 2けたの数でわるわり算も，1けたの数でわるときと同じように計算します。商がどの位からたつかに気をつけましょう。

問題3 あまりのしまつ

1まいの画用紙から，カードが16まい作れます。430まいのカードを作るには，何まいの画用紙を用意すればよいでしょう。

考え方 430÷16の計算をします。
筆算で，次のように計算します。

商の26まいの画用紙では，
16×26＝416（まい）のカードしかできません。あと14まいのカードを作るのに，画用紙がもう1まいいります。

430÷16＝26 あまり 14
26＋1＝27　　**答** 27まい

```
        26 ←商
   16)430
       32
      110
       96
       14 ←あまり
          …たりない
          カードの数
```

コーチ

〔あまりのしまつ〕
● あまりを切り捨てるか，切り上げて商を1大きくするかは，問題によってきめます。

あまりがわる数より大きくなっていないか，たしかめよう。

問題4 0がある数のわり算

ハンバーグを作るために，2kgのひき肉を買いました。ハンバーグ1こをつくるのに250gのひき肉が必要です。何このハンバーグができるでしょう。

考え方 2kg ＝2000gです。
2000÷250の計算をするのですが，わり算のせいしつを使って，200÷25と考えて計算することができます。

```
          8
   250)2000
        200
          0
```

わられる数とわる数の0を同じ数だけ消す。

2000÷250＝8
答 8こ

コーチ

● 0を消して計算したとき，あまりの大きさには気をつけましょう。

例
```
          4
   210)850
        84
         1⟋0
```

このあまりは1ではなく10である。

210×4＋1＝841
　　└あやまり

210×4＋10＝850
　　└正しい

答 4あまり10

かくにんテスト①

❶〔1人分のクッキーの数〕

　クッキーが81まいあります。

　これを27人で分けると，1人分は何まいになるでしょう。　[20点]

❷〔フラワーポットの数〕

　朝顔の種が97つぶあります。

　フラワーポット1つに15つぶずつ種をまいていくと，フラワーポットはいくつできて，種は何つぶ残るでしょう。　[20点]

❸〔買えるトマトの数〕

　600円で，1こ78円のトマトを買います。

　何こ買えて，おつりはいくらでしょう。

　　　　　　　　　　　　　　　　　[20点]

❹〔グループの数〕

　4，5，6年生が遠足に行くのに，グループに分かれます。

　4年生は125人，5年生は118人，6年生は129人います。

　16人ずつのグループをつくるとすると，全体で何グループできて，何人あまるでしょう。

　　　　　　　　　　　　　　　　　[20点]

❺〔時間の計算〕

　1000時間は，何日間と何時間でしょう。　[20点]

かくにんテスト②

① 〔トラックの台数〕

ダンボールが220こあります。1台のトラックで，24このダンボールが運べます。

全部のダンボールを1度に運ぶとすると，トラックは何台いるでしょう。

[20点]

② 〔花束の数〕

ばらの花が640本あります。この花を，14本ずつ花束にして売ろうと思います。

何束できるでしょう。 [20点]

③ 〔本を読む日数〕

493ページの本があります。毎日15ページずつ読むことにしました。 [各10点…合計20点]

(1) この本を読み終えるのに，何日かかるでしょう。

(2) 最後の日だけは，何ページ読むことになるでしょう。

④ 〔小づつみの数〕

520さつのざっしを小づつみで送ることになりました。重さのきまりで，1この小づつみには，30さつまでしかまとめられません。

小づつみは，全部で何こつくることになるでしょう。 [20点]

⑤ 〔1分間に歩いた道のり〕

よしきさんは，家から駅までの道のり3kmを歩いて行きました。家を出たのは7時20分で，駅についたのは8時ちょうどでした。

よしきさんは，1分間に何mずつ歩いたことになるでしょう。 [20点]

1 1本50円のえん筆18本分のお金を持って店に行きました。1本のねだんが45円になっていたので，予定より多く買えました。
何本多く買えたのでしょう。［20点］

2 3m70cmのリボンがあります。同じ長さずつ使って6このかざりを作ると，残った長さは1m60cmでした。
残りのリボンでかざりは何こ作れて，何cmあまるでしょう。［20点］

3 屋上のてんぼう台に832人の人がいます。
エレベーターには，16人ずつ乗れます。
4台のエレベーターで何回おうふくすると，全員をおろすことができるでしょう。［20点］

4 1さつ800円の問題集を，まとめて32さつ買ったら，24000円にしてくれました。
1さつにつき，何円安くしてくれたのでしょう。［20点］

5 ある数を24でわるところを，まちがえて42でわったら，商が18で，あまりが25になりました。［各10点…合計20点］

(1) ある数はいくつでしょう。

(2) 24でわったときの商とあまりはそれぞれいくつでしょう。

8 整理のしかた

教科書の
まとめ

☆ 整理のしかた

▶ 集めたし料を調べるとき，表に整理するとわかりやすくなる。

☆ 2つのことがらについて表にする

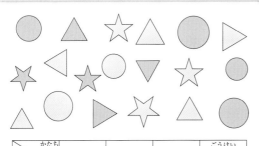

色＼形	○	△	☆	合計
赤	4	3	2	9
青	2	5	3	10
合計	6	8	5	19

ここは○　ここは△　全部の合計

☆ 4 通りに分けて表にする

＼	弟		合計
＼	いる	いない	
妹　いる	㋐ 7	㋑ 6	13
いない	㋒ 4	㋓ 14	18
合計	11	20	31

㋐……弟も妹もいる人

㋑……妹だけいる人

㋒……弟だけいる人

㋓……弟も妹もいない人

表に整理したときは，たての合計や横の合計，全部の合計があっているかをたしかめる。

1 整理のしかた

問題 1 通学調べ

下の表は，たけしさんのクラスの男子 18 人について，学校に行くときに通る道を調べたものです。

出席番号	①	②	③	④	⑤	⑥	⑦	⑧	⑨
駅前通り	○	×	○	○	×	○	×	○	×
大川橋	×	○	○	×	○	×	×	○	○
出席番号	⑩	⑪	⑫	⑬	⑭	⑮	⑯	⑰	⑱
駅前通り	○	×	○	×	×	○	×	×	×
大川橋	○	○	×	○	×	○	○	×	○

（○…通る，×…通らない）

(1) 次のような人は，それぞれ何人でしょう。

　あ駅前通りも大川橋も通る人

　い駅前通りだけ通る人

　う大川橋だけ通る人

　え駅前通りも大川橋も通らない人

(2) 上のことを，右のような表にまとめます。人数を書き入れましょう。

通学調べ　　　　　（人）

		大川橋		合計
		通る	通らない	
駅前通り	通る			
	通らない			
	合計			

 コーチ

● 集めたし料を整理するときは，次のことに注意します。
落ち（数えない），
重なり（2 度数える）がないようにします。

駅前通りを通る人を，さらに，大川橋を通る人と通らない人に分けます。

● 左の表からは，
か駅前通りを通る人
き駅前通りを通らない人
く大川橋を通る人
け大川橋を通らない人
の人数も一目でわかります。
それぞれ，
か9 人，き9 人，
く11 人，け7 人
です。

 考え方

(1) 上の表で，それぞれの人数を調べます。

　あ…③，⑧，⑩，⑮番の 4 人

　い…①，④，⑥，⑫，⑰番の 5 人

う…②，⑤，⑨，⑪，⑬，⑯，⑱番の 7 人

え…⑦，⑭番の 2 人　答 あ4 人，い5 人，う7 人，え2 人

(2) (1)のあ〜えの人数は，それぞれ，右の表のあ〜えのところに入ります。おの人数が，全体の人数とあっていることを，たしかめましょう。　答 右の表

通学調べ　　　　　（人）

		大川橋		合計
		通る	通らない	
駅前通り	通る	あ 4	い 5	9
	通らない	う 7	え 2	9
	合計	11	7	お 18

かくにんテスト

答え➡別さつ15ページ
時間**20**分　合かく点**70**点

得点 ／100

① 〔けが調べ〕

下の表は, ゆみさんの学校で10月に起きたけがのようすを表しています。

［合計50点］

けが調べ（10月）

名前	種類	場所	名前	種類	場所	名前	種類	場所
大谷	切りきず	教室	木村	すりきず	体育館	小川	ねんざ	体育館
山田	すりきず	運動場	広田	打ぼく	運動場	川上	切りきず	運動場
秋山	打ぼく	体育館	古川	切りきず	教室	宮下	すりきず	教室
寺島	すりきず	運動場	林	すりきず	運動場	石田	ねんざ	体育館
小林	ねんざ	運動場	田中	すりきず	教室	石川	すりきず	運動場
北村	すりきず	運動場	鈴木	ねんざ	体育館	谷	打ぼく	運動場
高橋	切りきず	教室	山本	切りきず	運動場	松田	切りきず	体育館

(1) すりきずのほかの人数も, 「正」を書いて調べ, 表をしあげましょう。　(24点)

(2) いちばん多いけがは何でしょう。　(13点)

(3) 切りきずがいちばん多く起きた場所はどこでしょう。　(13点)

けが調べ（10月）　　（人）

種類＼場所	運動場	教室	体育館	合計
すりきず	正			
切りきず				
ねんざ				
打ぼく				
合計				

② 〔ペット調べ〕

右の表は, 犬とねこをかっているかどうかを調べた結果です。［各10点…合計50点］

(1) 犬をかっている人は, 何人でしょう。

(2) ねこだけをかっている人は, 何人でしょう。

(3) 犬もねこもかっていない人は, 何人でしょう。

(4) ⓐは, どのような人を表しているでしょう。

(5) 全体の人数は, 何人でしょう。

ペット調べ　　（人）

		ねこ		合計
		かっている	かっていない	
犬	かっている	5	6	11
	かっていない	4	2	6
合計		9	ⓐ8	17

チャレンジテスト

① 右の表は，みさきさんのクラスで，1か月の落とし物について調べたものです。[各12点…合計36点]

(1) あ，い，うにあてはまる数を書きましょう。

落とし物調べ　（こ）

	教室	理科室	音楽室	合計
えん筆	8	2	ⓘ	14
けしゴム	3	0	1	4
じょうぎ	2	3	1	6
合計	ⓐ	5	6	ⓒ

(2) 理科室でいちばん多かった落とし物は，何でしょう。

(3) 落とし物がいちばん多かった場所は，どこでしょう。

② 右の表は，ただしさんのクラスで野球とサッカーそれぞれについて，好きかきらいかを調べたものです。[各12点…合計36点]

(1) 野球もサッカーも好きな人は，何人でしょう。

野球・サッカー調べ　（人）

		野球	
		好き	きらい
サッカー	好き	14	5
	きらい	7	8

(2) 野球の好きな人は，何人でしょう。

(3) クラスの人数は，何人でしょう。

③ まゆみさんのクラスの人数は33人です。
　ハンカチとティッシュペーパーのわすれ物について調べたら，次のようでした。

[各14点…合計28点]

わすれ物調べ　（人）

		ハンカチ		合計
		持っている	わすれた	
ティッシュ	持っている			
	わすれた			
	合計			

・ハンカチをわすれた人…7人
・ティッシュをわすれた人…9人
・両方ともわすれた人…3人

(1) このことを，右の表にまとめましょう。

(2) 両方とも持っている人は，何人でしょう。

9 計算のきまり

☆ 計算のじゅんじょ

①左から順に計算する。

例 $23 + 37 - 42 = 60 - 42$
$= 18$

②（ ）があれば，（ ）の中を先に計算する。

例 $500 - (120 + 240)$

$= 500 - 360$
$= 140$

③＋，－と×，÷がまじっているときは，×，÷を先に計算する。

例 $24 \div 2 - 3 \times 2 = 12 - 6$

$= 6$

☆ 計算のきまり

$(\blacksquare + \bullet) \times \blacktriangle$
$= \blacksquare \times \blacktriangle + \bullet \times \blacktriangle$
$(\blacksquare - \bullet) \times \blacktriangle$
$= \blacksquare \times \blacktriangle - \bullet \times \blacktriangle$

▶ たし算とひき算の関係

$\blacksquare + \bullet = \blacktriangle$ のとき $\begin{cases} \blacksquare = \blacktriangle - \bullet \\ \bullet = \blacktriangle - \blacksquare \end{cases}$

$\blacksquare - \bullet = \blacktriangle$ のとき $\begin{cases} \blacksquare = \blacktriangle + \bullet \\ \bullet = \blacksquare - \blacktriangle \end{cases}$

▶ かけ算とわり算の関係

$\blacksquare \times \bullet = \blacktriangle$ のとき $\begin{cases} \blacksquare = \blacktriangle \div \bullet \\ \bullet = \blacktriangle \div \blacksquare \end{cases}$

$\blacksquare \div \bullet = \blacktriangle$ のとき $\begin{cases} \blacksquare = \blacktriangle \times \bullet \\ \bullet = \blacksquare \div \blacktriangle \end{cases}$

1 計算のきまり

問題1 計算のじゅんじょ

500円で，ケーキとクッキーを買いたいと思います。
ケーキは1こ340円，クッキーは1まい90円です。

(1) ケーキを1こと，クッキーを1まい買うと，お
つりはいくらでしょう。

(2) クッキーを3まい買うと，おつりはいくらで
しょう。

〔計算のじゅんじょ〕
①ふつうは左から
順に計算します。
②（　）があれば
（　）の中を先
に計算します。
③＋，－と×，÷
では，×，÷を
先に計算します。

| 出したお金 | － | 代金 | ＝ | おつり |

の式に，問題の数をあてはめます。

(1)　$500-(340+90)=500-430$
$=70$（円）

答 70円

(2)　$500-90×3=500-270$
$=230$（円）

答 230円

先に計算した
い式にはかっ
こをつけます。

問題2 計算のきまり

5人分のおやつを買いに行きました。
45円のおかし1こと80円のジュ
ース1本が1人分です。代金は，全
部でいくらでしょう。1つの式に表
して求めましょう。

〔たし算，ひき算，
かけ算のきまり〕
● ■＋●＝●＋■
● （■＋●）＋▲
　＝■＋（●＋▲）
● ■×●＝●×■
● （■×●）×▲
　＝■×（●×▲）
● （■＋●）×▲
　＝■×▲＋●×▲
● （■－●）×▲
　＝■×▲－●×▲

おかしとジュースの代金を別べつに考えると，
$45×5+80×5=225+400=625$（円）

答 $45×5+80×5=625$，625円

1人分の代金を先に計算して考えると，
$(45+80)×5=125×5=625$（円）

どちらの式でも，答えは同じになります。

つまり，$45×5+80×5=(45+80)×5$ となることがわか
ります。

かくにんテスト

得点／100

1 〔1つの式に表す〕

次の問題の答えを，1つの式に表して求めましょう。［各20点…合計60点］

(1) 120円のノートを1さつと，1本70円のえん筆を半ダース買って1000円出しました。
おつりはいくらでしょう。

(2) 60dLのジュースを男子9人，女子6人で，同じかさずつ分けます。1人分は何dLになるでしょう。

(3) 男子が1列に17人ずつ4列に，女子が1列に13人ずつ4列にならんでいます。全部で何人いるでしょう。

2 〔残ったリボンの長さ〕

3mあるリボンから，25cmのリボンを9本切り取りました。
残ったリボンの長さは何cmでしょう。［20点］

3mは300cmのことです。

3 〔1人が折ったつるの数〕

としおさんの学校の4年生は，1組が32人，2組が33人です。4年生全員でつるを折ったら，390羽できました。
みんなが同じ数ずつ折ったとすると，1人何羽ずつ折ったのでしょう。

［20点］

2 式と計算

問題 **1** 計算のきまり

次の左と右の式の答えが同じになるものを選びましょう。

- ⑦　7＋8＋12　　7＋(8＋12)
- ①　32－15－4　　32－(15－4)
- ⑦　17×5×6　　17×(5×6)
- ①　48÷6÷2　　48÷(6÷2)

● たし算やかけ算には，次のきまりがあります。

■＋● ＝● ＋■

■×● ＝● ×■

(■＋●)＋▲

＝■＋(●＋▲)

(■×●)×▲

＝■×(●×▲)

たし算だけの式やかけ算だけの式は，順番を変えて計算しても答えは同じになります。

実さいに計算してみると，左と右の式の答えが同じになるものは⑦と⑦。　　答 ⑦，⑦

問題 **2** 式のよみ方

右の図の赤玉と白玉をあわせた数を，次の2つの式で求めました。それぞれどのように考えたのでしょう。

(1)　2×5＋4×5

(2)　(2＋4)×5

● 問題の答えを求めるとき，いろいろな考え方ができる場合があります。それぞれの考え方によって，式の表し方がちがってきます。

(1)　2×5は赤玉の数，4×5は白玉の数を表しています。

答 赤玉と白玉の数を別べつに求めて，それらをあわせている。

どこから先に計算しているか，考えるといいね。

(2)　2＋4はたて1列の赤玉と白玉の数の和を表しています。

答 たて1列の赤玉と白玉の数の和を求めて，その5列分を求めている。

たいせつ ポイント

■＋●＝●＋■　　■×●＝●×■　　（■＋●）＋▲＝■＋（●＋▲）

（■×●）×▲＝■×（●×▲）　　（■＋●）×▲＝■×▲＋●×▲

問題 3 　たし算とひき算の関係

子どもが公園で遊んでいます。
そこへ7人きたので、みんな
で24人になりました。
はじめ公園には何人いたで
しょう。

　考え方　はじめの人数を□人として、式をたてます。

　　　はじめの人数　ふえた人数　全部の人数
　　　　　□　　＋　　7　　＝　　24
　　　　　　　　　　　　□＝24－7
　　　　　　　　　　　　□＝17
　　　　　　　　　　　答 17人

7をたす

□　　　24

7をひく

たし算とひき算はぎゃくの関係にあります。

コーチ

● たし算とひき算
には、次の関係が
あります。

・■＋●＝▲
　のとき
　{ ■＝▲－●
　　●＝▲－■

・■－●＝▲
　のとき
　{ ■＝▲＋●
　　●＝■－▲

注意

問題 4 　かけ算とわり算の関係

ある本を毎日8ページずつ読んでい
くと、16日間でちょうど読み終え
ることができました。
この本は何ページあったでしょう。

　考え方　本のページ数を□ページとして、式をたてます。

本のページ数　1日に読むページ数　読んだ日数
　　□　　÷　　　8　　　＝　　16
　　　　　　　　　　□＝16×8
　　　　　　　　　　□＝128
　　　　　　　　答 128ページ

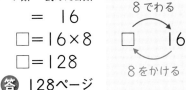

8でわる

□　　　16

8をかける

かけ算とわり算はぎゃくの関係にあります。

コーチ

● かけ算とわり算
には、次の関係が
あります。

・■×●＝▲
　のとき
　{ ■＝▲÷●
　　●＝▲÷■

・■÷●＝▲
　のとき
　{ ■＝▲×●
　　●＝■÷▲

注意

かくにんテスト①

1 〔計算のきまり〕
次の□にあてはまる数を書きましょう。 [各5点…合計20点]

(1) 6×38＝38×□

(2) 54＋18＋26＝18＋(□＋26)

(3) 7×(9＋3)＝7×□＋□×3

(4) 84÷14＝(84÷2)÷(□÷□)

2 〔計算のくふう〕
計算のきまりを使って，くふうして計算をしましょう。また，下の㋐～㋓のどの計算のきまりを使ったか答えましょう。 [各10点…合計40点]

(1) 47×25×4

(2) 32×6＋28×6

(3) 6.5＋8.4＋1.6

(4) 120×9－20×9

㋐ (■＋●)＋▲＝■＋(●＋▲)

㋑ (■×●)×▲＝■×(●×▲)

㋒ (■＋●)×▲＝■×▲＋●×▲

㋓ (■－●)×▲＝■×▲－●×▲

3 〔式のよみ方〕
おはじきを正三角形の形にならべます。1辺に7こならべたときのおはじきの数を，次の2通りの式で求めます。□にあてはまる数を書きましょう。

(1)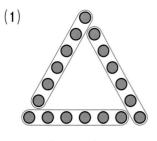

(□－1)×3

(2)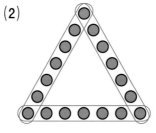

[各10点…合計20点]

7×3－□

4 〔式と計算〕
お茶が3L入りの水とうに12本，ジュースが2L入りのペットボトルに12本あります。お茶のほうが何L多いでしょう。1つの式に表して求めましょう。 [20点]

かくにんテスト②

❶ 〔計算のくふう〕
計算のきまりを使って，くふうして計算をしましょう。［各10点…合計20点〕

(1)　25×36

(2)　99×47

❷ 〔式のよみ方〕
右の図のようにならべたおはじきの数を求めるのに，次のような2つの式を考えました。□にあてはまる数を書きましょう。［各10点…合計20点〕

(1)　7×□＋4×□

(2)　7×8−□×□

❸ 〔計算の間の関係〕
次の問題を□を使った式に表して，答えを求めましょう。［各10点…合計40点〕

(1)　ちゅう車場に車が76台止まっていました。あとから何台か来たので，全部で92台になりました。あとから何台来たでしょう。

(2)　パン屋さんで470円使ったので，残りのお金が150円になりました。はじめ何円持っていたでしょう。

(3)　1こ85円のプリンを何こか買ったら，代金は680円になりました。プリンを何こ買ったのでしょう。

(4)　折り紙を8人で等分すると，1人分は16まいになりました。全部で折り紙は何まいあったでしょう。

❹ 〔式と計算〕
リボンで大きいかざりと小さいかざりを7こずつ作ると，リボンが20cmあまりました。大きいかざりを1こ作るのに60cm，小さいかざりを1こ作るのに30cmのリボンを使います。はじめリボンは何cmあったでしょう。1つの式に表して求めましょう。［20点〕

チャレンジテスト

1 2mのはり金から，15cmと10cmのはり金を1組にして，6組切り取りました。
残ったはり金で，5cmのはり金は何本切り取れるでしょう。 [20点]

2 1箱に，ケーキをたてに3こ，横に4こならべて入れたいと思います。
180このケーキを入れるためには，箱は何箱いるでしょう。 [20点]

3 子ども会でハイキングに行きます。大人は20人参加します。子どもは大人より15人多いそうです。昼食におにぎりを，大人には1人4こ，子どもには1人3こ用意します。

[各15点…合計30点]

(1) おにぎりは，全部で何こ必要でしょう。

(2) 別の子ども会でも，同じようにおにぎりを用意したところ，142こ必要だったそうです。大人は16人でした。子どもは何人だったのでしょう。

4 計算のきまりを使って，できるだけかん単な計算で答えを求めましょう。

[各15点…合計30点]

(1) 97円のジュースを8本買いました。代金はいくらでしょう。

(2) 1本35円のえん筆を半ダースと，115円のノートを6さつ買いました。代金はいくらでしょう。

10 面積のはかり方と表し方

★ 広さの表し方

- ▶ 広さのことを，面積という。
- ▶ 面積の単位

  1cm²(1 平方センチメートル)

  …1 辺が 1cm の
  正方形の面積

★ 長方形と正方形の面積

- ▶ 面積を求める公式

  長方形の面積＝たて×横

  正方形の面積＝1 辺×1 辺

- ▶ ふくざつな形の面積の求め方
  ① 長方形や正方形に分ける。
  ② 図形がはなれているときは，
     よせ集めてみる。

面積を求める問題で，図がかかれていないときは，図をかいてみる。公式が使えないかよく考えてみよう。

★ 大きな面積の単位

1m²(1 平方メートル)

…1 辺が 1m の正方形の面積

1km²(1 平方キロメートル)

…1 辺が 1km の正方形の面積

1a(1 アール)

…1 辺が 10m の正方形の面積

1ha(1 ヘクタール)

…1 辺が 100m の正方形の面積

1m²＝10000cm²

1km²＝1000000m²

1a＝100m²

1ha＝100a＝10000m²

1 長方形と正方形の面積

問題 1 長方形・正方形の面積の公式

次の長方形や正方形の面積を求めましょう。

(1) たてが 5cm，横が 6cm の長方形

(2) 1辺が 8cm の正方形

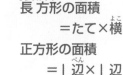

● 面積の公式を使って，面積を求めます。

長方形の面積
＝たて×横

正方形の面積
＝1辺×1辺

考え方 それぞれの公式にあてはめます。

(1) 長方形の面積＝たて×横より，
　　　5×6＝30（cm²）　　　　　　　　**答** 30cm²

(2) 正方形の面積＝1辺×1辺より，
　　　8×8＝64（cm²）　　　　　　　　**答** 64cm²

問題 2 ふくざつな形の面積

右のような形の面積を求めましょう。

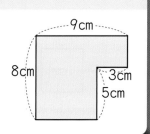

● ふくざつな形の面積は，いくつかの長方形や正方形などに分けて求めます。

考え方 2つの長方形に分けたり，全体から部分をひいたりして求めます。

次の3つの求め方があります。

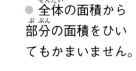

● 全体の面積から部分の面積をひいてもかまいません。

①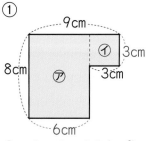

⑦…8×6＝48（cm²）
④…3×3＝9（cm²）
求める面積
　48＋9＝57（cm²）

②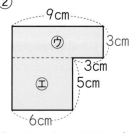

⑦…3×9＝27（cm²）
④…5×6＝30（cm²）
求める面積
　27＋30＝57（cm²）

③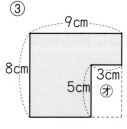

全体…8×9＝72（cm²）
⑦…5×3＝15（cm²）
求める面積
　72－15＝57（cm²）

答 57cm²

ふくざつな形の面積は，長方形や正方形に分けたり，全体から部分をひいたりして求めます。

問題3 長方形・正方形の面積

次の長方形や正方形の面積を求めましょう。

(1) たてが6cm，横がたてより3cm長い長方形

(2) まわりの長さが40cmの正方形

● 公式が使えるように，まず，たてや横，１辺の長さを求めます。

正方形のまわりの長さ
＝１辺×4

長方形のまわりの長さ
＝(たて＋横)×2

 考え方

(1) 横の長さは，たてより3cm長いので9cmです。
この長方形の面積は，
$6 \times 9 = 54$（cm²）　　答 54cm²

(2) 正方形のまわりの長さは，１辺の長さの4倍だから，この正方形の１辺の長さは，
$40 \div 4 = 10$（cm）
この正方形の面積は，$10 \times 10 = 100$（cm²）　　答 100cm²

問題4 公式の利用

面積が48cm²で，横の長さが8cmの長方形をかこうと思います。
たての長さは何cmにすればよいでしょう。

8cm

48cm²

□cm

● わからないものを□で表し，面積の公式にあてはめます。

● □×ア＝イのとき，
□＝イ÷ア

 考え方

長方形の面積を求める公式を利用します。
たての長さを□cmとして，たて×横＝長方形の面積に数をあてはめると，

□×8＝48

□にあてはまる数は，わり算で求めます。
$48 \div 8 = 6$（cm）　　答 6cm

長方形の面積÷横＝たて
長方形の面積÷たて＝横
だね。

かくにんテスト①

答え→別さつ19ページ
時間30分　合かく点70点
得点　／100

❶〔面積の表し方〕

下の方がんの 1 めもりは 1cm です。

あ, いの面積は, それぞれ何 cm² でしょう。　［各10点…合計20点］

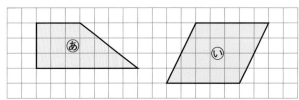

❷〔長方形・正方形の面積〕

次の面積を求めましょう。　［各10点…合計30点］

(1)　たてが 12cm, 横が 25cm の長方形の面積

(2)　1 辺が 13cm の正方形の面積

(3)　たてが 4cm, 横が 50mm の長方形の面積

❸〔面積をくらべる〕

右の図のような紙があります。　［各10点…合計30点］

(1)　あの面積は, 何 cm² でしょう。

(2)　いの面積は, 何 cm² でしょう。

(3)　どちらがどれだけ広いでしょう。

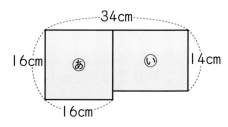

❹〔ふくざつな形の面積〕

下のような形の面積を求めましょう。　［各10点…合計20点］

(1)

(2)

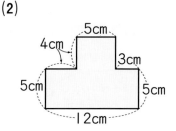

かくにんテスト②

① 〔長方形・正方形の面積〕
次の問いに答えましょう。 [各10点…合計40点]

(1) 面積が120cm² の長方形があります。たての長さは8cm です。横の長さは，何 cm でしょう。

(2) まわりの長さが80cm の正方形があります。この正方形の面積を求めましょう。

(3) たてが17cmで，横がたてより5cm 短い長方形があります。この長方形の面積を求めましょう。

(4) まわりの長さが48cm で，たてが10cm の長方形の面積を求めましょう。

② 〔紙の面積〕
次の問いに答えましょう。 [各15点…合計30点]

(1) 面積が121cm² の正方形の紙から，右の図のように，たてが9cm，横が6cm の長方形を切り取りました。残りの面積は何 cm² でしょう。

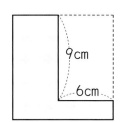

(2) たてが9cm，横が8cm の長方形の紙2まいを，右の図のように，2cm 重ねてつなぎあわせました。できた大きな長方形の紙の面積は何 cm² でしょう。

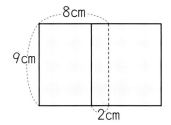

③ 〔残った面積〕
次の問いに答えましょう。 [各15点…合計30点]

(1) たてが20cm，横が16cm の画用紙に，1辺が5cm の正方形のあなをあけました。画用紙の面積は，何 cm² になったでしょう。

(2) まわりの長さが60cm の正方形の紙の1つのかどを，たて4cm，横7cm の長方形の形に切り取りました。残った面積は何 cm² でしょう。

2 大きな面積の単位

問題 1 m² と km²

(1) たてが 12m，横が 5m の長方形の形をした花だんがあります。この花だんの面積を求めましょう。

(2) 1辺が 3km の正方形の形をした飛行場の土地があります。この土地の面積を求めましょう。

 コーチ

● 1辺が 1m の正方形の面積を，

1m²
（1平方メートル）

1辺が 1km の正方形の面積を，

1km²
（1平方キロメートル）といいます。

 考え方 土地などの大きな面積は，m² や km² の単位を使って表します。

(1) たてや横の長さの単位が m のとき，面積の単位は m² です。

12×5＝60（m²）　　　　　　　　　**答** 60m²

(2) 1辺の長さの単位が km のとき，面積の単位は km² です。

3×3＝9（km²）　　　　　　　　　**答** 9km²

問題 2 単位をそろえて面積を求める

(1) たてが 30m，横が 40m の長方形の畑の面積は，何 a でしょう。

(2) 1辺が 200m の正方形の形をした工場の面積は，何 ha でしょう。

 コーチ

〔a と ha〕

● 畑などの面積を表すのに，a や ha という単位がある。

1a＝100m²

1ha＝10000m²

 考え方

(1) 1辺が 10m の正方形の面積が 1a（1アール）です。

$$1a＝100m²$$

たてが 30m，横が 40m の長方形の面積は

30×40＝1200（m²）

1200m²＝12a　　　　　　　　**答** 12a

(2) 1辺が 100m の正方形の面積が 1ha（1ヘクタール）です。

1ha＝10000m²

1辺が 200m の正方形の面積は

200×200＝40000（m²）

40000m²＝4ha　　　　　　　　**答** 4ha

かくにんテスト

① 〔大きな面積〕
　次の面積を求めましょう。［各10点…合計30点］

(1)　たてが12m，横が9mの長方形の畑の面積

(2)　1辺が17mの正方形の池の面積

(3)　たてが6km，横が15kmの長方形の山林の面積

② 〔ふくざつな形の土地の面積〕
　下の図のような土地があります。面積を求めましょう。［各10点…合計30点］

(1)
25m
15m　15m
30m

(2)
8m
4m
8m
4m　5m
4m

(3)
10m
30m
10m
50m

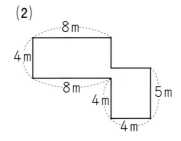
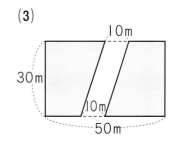

③ 〔面積の単位〕
　次の（　）にあてはまる数を書きましょう。［各10点…合計20点］

(1)　たて40m，横50mの長方形のあき地の面積は，（　　　　）a です。

(2)　1辺が5kmの正方形の町の面積は，（　　　　）ha です。

④ 〔道をのぞいた面積〕
　たてが20m，横が23mの長方形の土地があります。この土地に，右の図のように，はば3mの道をつくりました。
　道をのぞいた土地の面積は，全部で何m²でしょう。［20点］

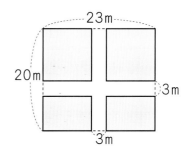

23m
20m
3m
3m

チャレンジテスト

1 たてが 45cm，横が 12cm の長方形があります。 [各10点…合計20点]

(1) この長方形の面積は何 cm² でしょう。

(2) この長方形の面積を変えないで，横の長さを 30cm にすると，たての長さは何 cm になるでしょう。

2 次の〔　　〕にあてはまる数を書きましょう。 [各10点…合計20点]

(1) 1辺が 18m の正方形の土地と同じ広さの長方形の土地があります。長方形の土地のたての長さを 12m とすると，横の長さは〔　　　　〕m です。

(2) たてが 90m，横が 20m の長方形の土地の面積は，〔　　　　〕a です。

3 下の図のような土地があります。しゃ線の部分は道で，はばはすべて 2m です。

道をのぞいた部分の面積を求めましょう。 [各15点…合計30点]

(1)

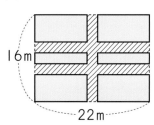

16m

22m

(2)

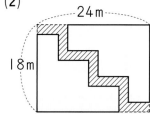

24m

18m

4 大小 2 つの正方形があり，大きい正方形の面積は 100cm² です。大きい正方形と小さい正方形の 1 辺の長さの差を 1 辺の長さにして正方形をつくると，その面積は 16cm² になります。

小さい正方形の面積は何 cm² でしょう。 [15点]

5 面積が 84m² の長方形の土地があります。たてを 3m ふやすと面積は 42m² ふえます。

さらに，横も 3m ふやすと，面積はもとの長方形の土地より何 m² ふえるでしょう。 [15点]

11 分　数

教科書の
まとめ

☆ 分数の表し方

▶ **真分数**……分子が分母より小さい分数。真分数は 1 より小さい。

例 $\dfrac{2}{3},\ \dfrac{3}{4},\ \dfrac{1}{5},\ \dfrac{10}{11}$

▶ **仮分数**……分子が分母より大きいか等しい分数。

例 $\dfrac{2}{2},\ \dfrac{5}{4},\ \dfrac{11}{8},\ \dfrac{17}{12}$

▶ **帯分数**……整数と真分数の和になっている分数。

例 $2\dfrac{1}{2},\ 1\dfrac{3}{4},\ 3\dfrac{9}{10}$

帯分数は仮分数に，仮分数は帯分数になおすことができる。

☆ 大きさの等しい分数

▶ $\dfrac{1}{2}=\dfrac{2}{4}=\dfrac{3}{6}=\dfrac{4}{8}$ のように，同じ大きさを表す分数がある。

☆ 分数のたし算とひき算

▶ たし算

分子のたし算

$$\dfrac{3}{7}+\dfrac{5}{7}=\dfrac{8}{7}=1\dfrac{1}{7}$$

帯分数にしておく

$$2\dfrac{1}{5}+1\dfrac{3}{5}=(2+1)+\left(\dfrac{1}{5}+\dfrac{3}{5}\right)$$

整数部分　　　分数部分

$$=3+\dfrac{4}{5}=3\dfrac{4}{5}$$

▶ ひき算　$\dfrac{8}{7}-\dfrac{4}{7}=\dfrac{4}{7}$

$2+\dfrac{5}{5}+\dfrac{1}{5}$

$$3\dfrac{1}{5}-1\dfrac{4}{5}=2\dfrac{6}{5}-1\dfrac{4}{5}$$

$$=(2-1)+\left(\dfrac{6}{5}-\dfrac{4}{5}\right)$$

$$=1+\dfrac{2}{5}=1\dfrac{2}{5}$$

分数の文章題の式のつくり方は，整数のときと同じである。（式が分数のたし算やひき算になる。）

① 分数の表し方

問題① 分数の意味

(1) $\dfrac{7}{5}$ は，1 とどんな数をあわせた数でしょう。

(2) $1\dfrac{3}{4}$ は，$\dfrac{1}{4}$ をいくつ集めた数でしょう。

 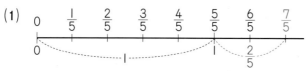

(1)

$$\dfrac{7}{5} \text{ は，1 と } \dfrac{2}{5} \text{ をあわせた数です。} \qquad 答 \ \dfrac{2}{5}$$

(2)

$1\dfrac{3}{4}$ は，1 と $\dfrac{3}{4}$ をあわせた数で，$\dfrac{7}{4}$ にあたります。

$\dfrac{7}{4}$ は，$\dfrac{1}{4}$ を 7 こ集めた数です。 　　　　答 7こ

問題② 仮分数→帯分数，帯分数→仮分数

(1) $\dfrac{14}{3}$ を帯分数になおしましょう。

(2) $2\dfrac{5}{6}$ を仮分数になおしましょう。

考え方 (1) $\dfrac{14}{3}$ ➡ 分子 分母 $14 \div 3 = 4$ あまり 2

$\dfrac{14}{3}$ は，4 と，$\dfrac{1}{3}$ が 2 こ，つまり，4 と $\dfrac{2}{3}$ をあわせた数です。 　　答 $4\dfrac{2}{3}$

(2) $2\dfrac{5}{6}$ ➡ 分母 分子 $6 \times 2 + 5 = 17$ 整数部分

$2\dfrac{5}{6}$ は，$\dfrac{1}{6}$ を 17 こ集めた数です。 　　答 $\dfrac{17}{6}$

〔いろいろな分数〕
● 真分数…分子が分母より小さい分数
● 仮分数…分子が分母と等しいか，分母より大きい分数
● 帯分数…整数と真分数の和で表される分数

● 真分数は 1 より小さい。仮分数は，1 に等しいか 1 より大きい。

コーチ

〔仮分数→帯分数〕
● 分子を分母でわって，商を帯分数の整数部分に，あまりを分子にする。

〔帯分数→仮分数〕
● 分母×整数部分＋分子を，仮分数の分子にする。

かくにんテスト

答え→別さつ21ページ
時間**30分**　合かく点**70点**

得点 ／100

① 〔分数の意味〕
次の（　　　）にあてはまる数を書きましょう。 ［各6点…合計24点］

(1) $\frac{8}{7}$ は，（　　　　　）を8こ集めた数です。

(2) $1\frac{4}{5}$ は，$\frac{1}{5}$ を（　　　　　）こ集めた数です。

(3) $\frac{11}{8}$ は，1と（　　　　　）をあわせた数です。

(4) （　　　　　）を15こ集めると，1になります。

② 〔分数の大きさ〕
次の問いに答えましょう。 ［合計28点］

(1) 分母が12で，$\frac{4}{12}$ より小さい分数をすべて書きましょう。 （9点）

(2) 分母が8で，$\frac{13}{8}$ より大きく，2より小さい仮分数をすべて書きましょう。 （9点）

(3) 分母が9で，$2\frac{7}{9}$ より大きく，$3\frac{3}{9}$ より小さい帯分数をすべて書きましょう。 （10点）

③ 〔仮分数と帯分数〕
仮分数は帯分数か整数に，帯分数は仮分数になおしましょう。

[各5点…合計30点]

(1) $\frac{8}{5}$　　　(2) $\frac{16}{3}$　　　(3) $\frac{24}{8}$

(4) $1\frac{4}{7}$　　　(5) $1\frac{5}{12}$　　　(6) $3\frac{3}{4}$

④ 〔分数の大きさくらべ〕
大きいほうの分数を答えましょう。 ［各9点…合計18点］

(1) $\left(\frac{8}{3},\ 2\frac{1}{3}\right)$　　　(2) $\left(3\frac{7}{9},\ \frac{32}{9}\right)$

② 分数のたし算とひき算

問題❶ 分数のたし算

$\frac{3}{5}$ m と $\frac{4}{5}$ m のテープがあります。このテープをあわせると，全体の長さは何 m になるでしょう。

● 分母が同じ分数のたし算では，分母はそのままで，分子だけたします。

$$\frac{3}{5} + \frac{4}{5} = \frac{7}{5}$$

たす

そのまま

考え方
2 つのテープをあわせるので，たし算です。
$\frac{1}{5}$ が何こになるかを考えて，計算します。

$\frac{3}{5}$ … $\frac{1}{5}$ が 3 こ
$\frac{4}{5}$ … $\frac{1}{5}$ が 4 こ
あわせて $\frac{1}{5}$ が 7 こ

$$\frac{3}{5} + \frac{4}{5} = \frac{7}{5} = 1\frac{2}{5} \text{(m)}$$

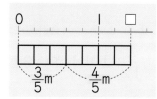

答 $1\frac{2}{5}$ m $\left(\frac{7}{5}\text{ m}\right)$

答えが仮分数になったとき，そのままでもいいけど，帯分数になおすと，大きさがわかりやすいね。

問題❷ 帯分数のたし算

油が大きなびんに $2\frac{3}{4}$ L，小さなびんに $1\frac{2}{4}$ L はいっています。
あわせると何 L になるでしょう。

考え方
帯分数のたし算では，整数は整数どうし，分数は分数どうしたします。

$$2\frac{3}{4} + 1\frac{2}{4} = \left(2 + \frac{3}{4}\right) + \left(1 + \frac{2}{4}\right)$$

分数部分の和

$$= (2 + 1) + \left(\frac{3}{4} + \frac{2}{4}\right)$$

整数部分の和

$$= 3 + \frac{5}{4}$$

$$= 3\frac{5}{4}$$

$$= 4\frac{1}{4}$$

● 帯分数のたし算は
整数部分の和
と
分数部分の和
をあわせます。

帯分数のたし算は整数と分数に分けて計算します。

答 $4\frac{1}{4}$ L

たいせつ
ポイント　分母が同じとき，$\frac{\blacksquare}{\blacksquare}+\frac{\blacktriangle}{\blacksquare}=\frac{\blacksquare+\blacktriangle}{\blacksquare}$，$\frac{\blacksquare}{\blacksquare}-\frac{\blacktriangle}{\blacksquare}=\frac{\blacksquare-\blacktriangle}{\blacksquare}$

問題 **3**　分数のひき算

$\frac{8}{7}$ m のリボンがあります。

$\frac{3}{7}$ m 使うと，残りは何 m

でしょう。

 考え方　使ったあとの残りの長さを求めるので，ひき算です。

$\frac{1}{7}$ が何こになるかを考えて，計算します。

$\left.\begin{array}{l}\frac{8}{7}\cdots\frac{1}{7} が 8 こ \\ \frac{3}{7}\cdots\frac{1}{7} が 3 こ\end{array}\right]$ ひいて $\frac{1}{7}$ が 5 こ

$\frac{8}{7}-\frac{3}{7}=\frac{5}{7}$(m)

答　$\frac{5}{7}$ m

コーチ

● 分母が同じ分数
のひき算では，分
母はそのままで，
分子だけひきます。

$\frac{8}{7}-\frac{3}{7}=\frac{5}{7}$

ひく　そのまま

● 帯分数や整数は，
仮分数になおして
から計算します。

$1-\frac{1}{4}=\frac{4}{4}-\frac{1}{4}$

$\qquad=\frac{3}{4}$

$1\frac{2}{5}-\frac{3}{5}=\frac{7}{5}-\frac{3}{5}$

$\qquad=\frac{4}{5}$

問題 **4**　帯分数のひき算

$3\frac{1}{5}$ ㎡ のかべを，ペンキで $2\frac{3}{5}$ ㎡ だけぬりました。

ぬれていない面積は何 ㎡ でしょう。

考え方　帯分数のひき算は，整数部分と分数部分に分けて
計算します。

$3\frac{1}{5}-2\frac{3}{5}=\left(3+\frac{1}{5}\right)-\left(2+\frac{3}{5}\right)$

　　　　　　ひけない

$\qquad\qquad=\left(2+\frac{6}{5}\right)-\left(2+\frac{3}{5}\right)$

$\qquad\qquad=(2-2)+\left(\frac{6}{5}-\frac{3}{5}\right)$

$\qquad\qquad=\frac{3}{5}$ (㎡)

答　$\frac{3}{5}$ ㎡

コーチ

〔整数－帯分数〕
整数部分から1く
り下げて仮分数に
なおして計算しま
す。

例　$4-2\frac{1}{4}$

$\qquad=3\frac{4}{4}-2\frac{1}{4}$

$\qquad=1\frac{3}{4}$

 分数部分がひけ
ないとき，整数
部分からくり下
げて計算します。

かくにんテスト①

1 〔分数のたし算〕

しょう油を $\frac{2}{5}$ dL 使ったら，まだ $\frac{4}{5}$ dL 残っていました。

しょう油は，はじめに何 dL あったでしょう。 [20点]

2 〔分数のたし算〕

学校から $\frac{6}{8}$ km のところにさおりさんの家があり，さらに $\frac{5}{8}$ km 遠いところにひろきさんの家があります。

学校からひろきさんの家までは，何 km あるでしょう。 [20点]

3 〔分数のたし算〕

ある学校の4年生の遠足で，工場見学をしました。行きは博物館によったので $3\frac{2}{4}$ km 歩き，帰りはどこにもよらずに帰ったので $2\frac{1}{4}$ km 歩きました。

遠足の道のりは，全部で何 km だったでしょう。 [20点]

4 〔分数のひき算〕

サラダ油が $\frac{6}{5}$ L ありました。何 L か使ったので，残りが $\frac{3}{5}$ L になりました。

何 L 使ったでしょう。 [20点]

5 〔分数のひき算〕

しんごさんは，昨日 $\frac{5}{6}$ 時間，今日 1 時間勉強しました。

今日のほうが何時間長く勉強したでしょう。 [20点]

かくにんテスト②

① [使ったテープの長さ]

みちるさんは，工作の宿題で，買ってきたテープのうち，午前中に $\frac{5}{8}$ m，午後に $\frac{4}{8}$ m 使いました。使ったテープの長さは，全部で何 m でしょう。 [20点]

② [残りのさとうの量]

さとうが $2\frac{5}{8}$ kg あります。そのうち，$\frac{7}{8}$ kg 使いました。さとうは何 kg 残っているでしょう。 [20点]

③ [学校までのきょり]

けいたさんの家は，学校から $1\frac{1}{5}$ km のところにあり，けいたさんの家からさらに $1\frac{2}{5}$ km 遠いところによしかさんの家があります。よしかさんの家から学校までは，何 km でしょう。 [20点]

④ [みかん箱の重さの差]

大，小 2 つのみかん箱があります。大きいみかん箱の重さは $9\frac{1}{6}$ kg で，小さいみかん箱は $6\frac{5}{6}$ kg でした。大きい箱は，小さい箱より何 kg 重いでしょう。 [20点]

⑤ [はじめのはり金の長さ]

はり金を $3\frac{4}{6}$ m 使ったら，残りが $4\frac{5}{6}$ m ありました。はじめ，はり金は何 m あったのでしょう。 [20点]

チャレンジテスト

1 びんとかんに油が入っています。びんには $1\frac{5}{8}$ L，かんには $2\frac{1}{8}$ L 入っています。[各13点…合計26点]

(1) びんとかんの油をあわせると，何Lになるでしょう。

(2) どちらが何L多く入っているでしょう。

2 10mのリボンを，昨日 $2\frac{1}{5}$ m，今日 $3\frac{3}{5}$ 使いました。あと何m残っているでしょう。[18点]

3 重さ $\frac{3}{4}$ kg の入れ物に，$4\frac{1}{4}$ kg 入りの塩を，2ふくろ入れました。全体の重さは，何kgになるでしょう。[18点]

4 $3\frac{1}{7}$ m と $2\frac{3}{7}$ m のテープを，のりでつなげました。のりしろは，それぞれ $\frac{2}{7}$ m ずつです。テープの長さは何mでしょう。[18点]

5 1さつ $\frac{7}{8}$ kg の重さの辞典3さつの重さは何kgでしょう。[20点]

12 変わり方調べ

教科書の
まとめ

☆ 変わり方と表

▶ 2つの量の変わり方を表にか
くと, 変わり方のきまりが見つ
けやすくなる。

例　まわりの長さが 18cm の
長方形のたてと横の長さ
を, 表にすると,

たて (cm)	1	2	3	4	5	6
横 (cm)	8	7	6	5	4	3

この表から, 次のことがわ
かる。

①たてと横の長さの和はいつ
も 9cm である。

②たての長さが 1cm ふえる
と, 横の長さは 1cm へる。

③横の長さが 1cm ふえると,
たての長さは 1cm へる。

☆ 2つの量の関係を式に表す

▶ □や△を使って, 2つの量の
関係を式に表すことがある。

例　左の例で, たての長さを
□ cm, 横の長さを△ cm と
すると,

　　□＋△＝9

という式で表せる。

☆ 変わり方とグラフ

▶ 2つの量の変わり方をグラフ
に表すと, 変わっていくようす
がよくわかる。

グラフを使ってとく
問題もあります。

1 変わり方

問題 1 式に表す問題

同じ長さのぼうを下の図のようにならべます。三角形の数を△こ，まわりのぼうの数を□本として，△と□の関係を式に表しましょう。

考え方

△が１のとき，□は3，
△が２のとき，□は4，
△が３のとき，□は5，…

と，順に考えて，表にまとめます。

三角形 1こ　2こ　3こ　…
まわりのぼう 3本　4本　5本　…

三角形の数 △こ	1	2	3	4	5
まわりのぼう □本	3	4	5	6	7

△が１ふえると，□も１ふえる

□はいつも，△より２多い

上の表から，△と□の関係は，△+2=□ **答** △+2=□

コーチ

● 三角形の数が１こふえると，まわりのぼうの数も１本ふえます。

● 三角形の数とまわりのぼうの数の差は，いつも２。

> 2つの量の変わり方を表にまとめる。

> ↓

> 変わり方のきまりを見つける。

> ↓

> 2つの量の関係を式に表す。

問題 2 グラフを使った問題

水そうに水を，1L，2L，3L，…と入れていって深さをはかったら，次のようになりました。

水のかさ(L)	1	2	3	4	5	6
水の深さ(cm)	1.5	3	4.5	6	7.5	9

(1) 上の表を折れ線グラフに表しましょう。

(2) 水を8L入れたときの深さは何cmでしょう。

考え方

(1) 横じくに水のかさ，たてじくに水の深さをとって，グラフをかきます。**答** 右の図

(2) グラフを右のほうへのばして，8L入れたときの深さを読みとります。深さは，12cmです。　**答** 12cm

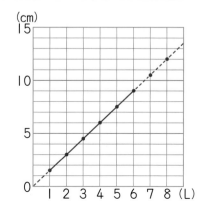

コーチ

● 水のかさが1Lふえると，水の深さは1.5cmふえています。

● グラフは直線になっているから，グラフをのばすと，表にないところの水の深さが予想できます。

かくにんテスト

① 〔みかんを2人で分ける〕

14このみかんを，さおりさんと妹で分けます。さおりさんのほうが妹より多くなるように分けたいと思います。[各11点…合計22点]

(1) 下の表を完成させましょう。

さおりさん(こ)	14	13				
妹　　(こ)	0					

(2) 妹のみかんがいちばん多いときは，何こでしょう。

② 〔えん筆の本数と代金〕

1本60円のえん筆を買うときの，えん筆の本数と代金の関係を調べました。[各12点…合計36点]

(1) 下の表を完成させましょう。

えん筆(本)	1	2	3	4	5	6	7	8
代　金(円)	60	120	180					

(2) えん筆を□本，代金を△円として，□と△の関係を式に表しましょう。

(3) えん筆11本のときの代金を求めましょう。

③ 〔ろうそくがもえた時間と長さ〕

下の表は，ろうそくがもえた時間と，もえた長さの関係を表しています。[各14点…合計42点]

もえた時間(分)	1	2	3	4	5
もえた長さ(cm)	4	8			

(1) 上の表を完成させましょう。

(2) 完成した表を，折れ線グラフに表しましょう。

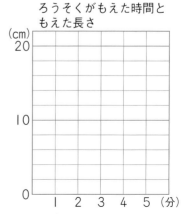

ろうそくがもえた時間と
もえた長さ

(3) 3分30秒後にもえた長さは何cmか，グラフから読みとりましょう。

チャレンジテスト

❶ おはじきを，右のように正方形の形にならべていきます。[各12点…合計36点]

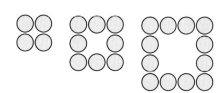

(1) 下の表を完成させましょう。

1辺の数（こ）	2	3	4	5	
全部の数（こ）	4				

(2) 1辺が12このとき，おはじきは全部で何こいるでしょう。

(3) 52このおはじきを正方形にならべるとき，1辺のおはじきの数は何こでしょう。

❷ 長さが1cmのぼうをならべて，まわりの長さが28cmの長方形や正方形をつくります。[各12点…合計36点]

(1) 下の表のあいているところに，あてはまる数を書きましょう。

たて（cm）	1	2	3	4	5	6	
横（cm）	13	12				8	
面積（cm²）	13			40			

(2) たてを□cm，横を△cmとして，□と△の関係を表す式を書きましょう。

(3) 面積がいちばん大きくなるのは，たて，横の長さがそれぞれ何cmのときでしょう。

❸ 右の図のように，正方形の形にご石をならべていきます。

[各14点…合計28点]

(1) 下の表のあいているところに，あてはまる数を書きましょう。

辺の数	1	2	3	4	
白のご石（こ）	1	1			
黒のご石（こ）	0	3			
差（こ）	※白1	黒2			

※白1…白のご石が1こ多いことを表します。

(2) 1辺の数が6このとき，白黒どちらのご石が何こ多いでしょう。

13 がい数の表し方

⭐ およその数の表し方

▶ がい数…およその数のこと

▶ がい数の求め方
切り上げ，切り捨てのほか，
四捨五入がある。

▶ 四捨五入…必要な位の１つ下
の数が０，１，２，３，４のとき
は切り捨て，５，６，７，８，９
のときは切り上げる。

▶ はんいの表し方

以上…20以上とは，20と等
　　　しいかそれより大きい
　　　数。

未満…20未満とは，20より小
　　　さい数。（20は入らな
　　　い。）

以下…20以下とは，20と等し
　　　いかそれより小さい数。

⭐ がい数を使った計算

▶ 和や差をがい数で求めたい
ときは，それぞれの数を求めたい
位のがい数にしてから計算す
る。

　例　千の位までのがい数にし
　　　て計算すると
　　　42341＋43218
　　　→42000＋43000
　　　＝85000

▶ 積や商をがい数で求めたい
ときも，それぞれの数をがい数に
してから計算する。

「およその数」についての文章題
では，四捨五入が正しくできれば，
ほとんどの問題はとける。

1 およその数の表し方

問題 1 がい数

(1) A市の人口は，107634人です。約何万人と
いえばよいでしょう。

(2) B市の人口は，115475人です。約何万人と
いえばよいでしょう。

● およそ11万人
のことを約11万
人ともいいます。

大きい数はが
い数にすると，
便利です。

 考え方 下の数直線の上に，それぞれの数を表してみます。

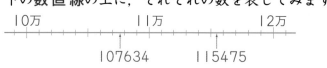

(1) 10万人，11万人のどちらに近いかを調べます。11万
人に近いので約11万人です。　　　　**答** 約11万人

(2) 11万人より12万人に近いので，約12万人です。
　　　　　　　　　　　　　　　　　　　答 約12万人

問題 2 四捨五入のしかた

(1) 457963を四捨五入して，千の位までのがい
数にしましょう。

(2) 683415を四捨五入して，一万の位までのが
い数にしましょう。

〔がい数の求め方〕
● ある位までのが
い数にします。

例 85451を
四捨五入して一万
の位までのがい数
にすると，

9
8̸5451
➡90000

● 上から何けたか
のがい数にします。

例 85451を
四捨五入して上か
ら2けたのがい数
にすると，

0
85̸451
➡85000

 考え方 求める位の1つ下の位の数字が，
0，1，2，3，4のときは切り捨て，
5，6，7，8，9のときは切り上げます。

8
(1) 457963 ←千の位の1つ下の
　　　　　└百の位　　百の位で考える

百の位が9だから，**切り上げて**458000　　**答** 458000

0
(2) 683415 ←一万の位の1つ下の
　　　　└千の位　　千の位で考える

千の位が3だから，**切り捨てて**680000　　**答** 680000

がい数にするときは，何の位まで，または，上から何けたのがい数にするのかを，はっきりさせます。

問題3 がい数のはん囲

四捨五入して百の位までのがい数にしたとき，5300になる整数で，いちばん小さい数はいくつでしょう。また，いちばん大きい数はいくつでしょう。

 考え方

百の位までのがい数にするには，十の位を四捨五入します。

四捨五入で，十の位を切り上げて5300になるいちばん小さい整数は5250です。

四捨五入で，十の位から下を切り捨てて5300になるいちばん大きい整数は5349です。

答 いちばん小さい数…5250
いちばん大きい数…5349

 コーチ

● 十の位を四捨五入すると5300になる整数は，5250から5349までです。これは5250以上5349以下，または5250以上5350未満ということができます。

問題4 がい数の利用

右の表は，4つの駅の乗車人数を表しています。長さ15cmまでのぼうがかける紙を使って，ぼうグラフをかきます。各駅の乗車人数を表すぼうの長さを求めましょう。

東駅	6874人
西駅	11235人
南駅	13451人
北駅	10867人

 考え方

1000人を1cmとすると，1mmの長さは100人にあたります。それぞれの駅の乗車人数を，四捨五入で百の位までのがい数にすると，右の表のようになります。100人が1mmですから，東駅は6cm9mm，…となります。

東駅	6900人
西駅	11200人
南駅	13500人
北駅	10900人

答 東駅6cm9mm， 西駅11cm2mm，
南駅13cm5mm， 北駅10cm9mm

 コーチ

● ぼうグラフのぼうの長さは，「がい数」を利用して求めます。

● いちばん人数の多い13451人を，15cmまでの長さで表すには，15000人を15cmにします。
↓
1000人を1cmとします。

かくにんテスト①

答え→別さつ25ページ
時間**20**分　合かく点**70**点

得点　／100

1 〔がい数の求め方〕
　次の問いに答えましょう。[各10点…合計30点]
(1)　25371 を，千の位で四捨五入しましょう。

(2)　754623 を四捨五入して，一万の位までのがい数にしましょう。

(3)　6183549 を四捨五入して，上から 2 けたのがい数にしましょう。

2 〔がい数が 4000 になる数〕
　次の 6 つの数のうち，(1)，(2)にあてはまる数をすべて書きましょう。

[各14点…合計28点]

　　　4025　　4352　　3934　　4851　　4753　　3995
(1)　四捨五入して，千の位までのがい数にすると，4000 になる数

(2)　四捨五入して，上から 2 けたのがい数にすると，4000 になる数

3 〔がい数が 30 になる数〕
　一の位を四捨五入すると，30 になる整数のはんいを，「以上」と「以下」を使って答えましょう。また，「以上」と「未満」を使って答えましょう。[14点]

4 〔がい数が 8 万になるはんい〕
　次の数は，四捨五入して一万の位までのがい数にすると，どちらも 8 万になるそうです。
　□にあてはまる数字をすべて書きましょう。[各14点…合計28点]
(1)　7□623

(2)　8□514

かくにんテスト②

❶〔がい数のはんい〕
　　次の問いに答えましょう。［各14点…合計28点］

(1)　四捨五入して百の位までのがい数にしたとき，6700 になる整数でいちばん小さい数は何でしょう。

(2)　四捨五入して千の位までのがい数にしたとき，8000 になる整数は，いくつからいくつまででしょう。

❷〔図書館の入館者〕
　　右の表は，ある図書館の 3 日間の入館者の数を表したものです。［各12点…合計36点］

図書館の入館者

日	入館者(人)
8月13日	3184
14日	4052
15日	4508

(1)　3 日間のそれぞれの入館者は，約何人ですか。四捨五入して，百の位までのがい数で表しましょう。

(2)　3 日間の入館者をぼうグラフにかいたら，15 日は 4cm5mm になりました。1cm は何人を表しているでしょう。

(3)　13 日，14 日は,ぼうグラフで,それぞれ何 cm 何 mm になるでしょう。

❸〔3 つの市の人口〕
　　右の表は，3 つの市の人口を表したものです。

［各12点…合計36点］

3 つの市の人口

市	人口(人)
東川市（ひがしかわ）	83482
南谷市（みなみたに）	49687
北山市（きたやま）	66045

(1)　3 つの市の人口は，それぞれ約何万人でしょう。

(2)　長さ 10cm の方がん紙を使って，3 つの市の人口をぼうグラフにかくとき，1cm のぼうを何人にすればよいでしょう。

(3)　3 つの市の人口を表すぼうの長さは，それぞれ何 cm になるでしょう。

② がい数を使った計算

問題 ① 和・差の見積もり

Ａの野球場の入場者数は24537人で，Ｂの野球場の入場者数は18401人でした。2つの野球場の入場者数の和と差は，約何万何千人でしょう。

● 和や差を見積もるときは，それぞれの数を求める位までのがい数にしてから計算します。

それぞれの数を，四捨五入してがい数にしよう。

考え方 2つの数の和や差をがい数で求めるときには，それぞれの数を，求める位までのがい数にしてから計算します。

それぞれの入場者数を千の位までのがい数にします。

```
         50
Ａ野球場  24537人  →  25000人        ←百の位を四捨五入する
          0
Ｂ野球場  18401人  →  18000人
```

和は 25000＋18000＝43000（人）

差は 25000－18000＝7000（人）

答 和…約43000人，差…約7000人

〔四捨五入のしかた〕
求める位のすぐ下の位の数字が，

0，1，2，3，4
➡切り捨て

5，6，7，8，9
➡切り上げ

問題 ② 切り上げによる見積もり

475円の牛肉と，198円のじゃがいもと，165円の玉ねぎと，98円のにんじんを買おうと思います。1000円で買えるでしょうか。

考え方 多めに考えて，1000円をこえなければよいから，それぞれの代金を，切り上げて百の位までのがい数にしてから計算します。

```
475   198   165   98
↓     ↓     ↓     ↓
500 ＋ 200 ＋ 200 ＋ 100 ＝ 1000（円）
```

475＋198＋165＋98は，500＋200＋200＋100より小さいから，1000円で買えます。

答 買える

● 多めに見積もったほうがよい場合は，切り上げて計算します。
　475➡500
● 少なめに見積もったほうがよい場合は，切り捨てて計算します。
　475➡400

たいせつポイント 計算の結果を見積もるときは，それぞれの数をがい数で表してから計算します。

問題3 積の見積もり

ある店では，1台29800円の電話器が1年間に675台売れました。この電話器の1年間の売り上げ高は約何円になるか，上から1けたのがい数にして見当をつけましょう。

コーチ
● かけられる数もかける数も，がい数にしてから計算します。
● 0のついた数のかけ算では，まず0を省いて計算し，その積に省いただけの0をつけます。

考え方 29800円を30000円，675台を700台として，売り上げ高を計算します。

（ねだん）×（こ数）＝（売り上げ高）ですから，

式　$30000×700=21000000$

三七21，21に0を6つつける

答 約21000000円

問題4 商の見積もり

日本の面積は約377974km²，香川県の面積は約1877km²です。
日本の面積は，香川県の面積の約何倍になるか，上から1けたのがい数にして見当をつけましょう。

コーチ
● わられる数もわる数も，がい数にしてから計算します。
● 0のついた数のわり算では，わられる数とわる数で同じ数だけ0を省きます。

考え方 わられる数とわる数を上から1けたのがい数にして計算します。

式　$377974÷1877$
　→ $400000÷2000=200$
　　　同じこ数だけ0を省く

答 約200倍

かくにんテスト

❶ 〔ねだんのがい算〕

36400円のデジタルカメラと，18600円のオーディオプレーヤーがあります。 [各10点…合計20点]

(1) ねだんの合計は，約何万何千円でしょう。

(2) ねだんのちがいは，約何万何千円でしょう。

❷ 〔少なめに考えて見積もる〕

ケーキ屋さんで，575円のロールケーキと，320円のクッキーと，235円のケーキを買おうと思います。この店では，1000円以上買うと福引きができます。福引きはできるでしょうか。 [20点]

320円
575円
235円

❸ 〔積の見積もり〕

1こ426円の品物を38493こ仕入れることにしました。上から1けたのがい数にして，代金の見当をつけましょう。 [20点]

❹ 〔商の見積もり〕

子ども会で176人の人が日帰り旅行に行くことになりました。ひ用は全部で373000円かかるそうです。1人分のひ用は約何円になるか，上から1けたのがい数にして見当をつけましょう。 [20点]

❺ 〔商の見積もり〕

父の体重は63.8kgです。父の体重は子の1.75倍であるとき，子の体重は約何kgになるか，上から1けたのがい数にして見当をつけましょう。

[20点]

1 右の表は，3つの市の人口を表したものです。

[各10点…合計40点]

3つの市の人口

市	人口（人）
北川市	98249
西山市	63576
南野市	145825

(1) 北川市と西山市の人口の和は，約何万何千人でしょう。

(2) 北川市と西山市の人口の差は，約何万何千人でしょう。

(3) 西山市と南野市の人口の差は，約何万人でしょう。

(4) 3つの市の人口の和は，約何万人でしょう。

2 380円のはさみと，176円の色紙と，90円のサインペンと，245円のボンドを買おうと思います。1000円で買えるでしょうか。 [20点]

3 牛にゅうを1日に180mL飲む人は，1年間に約何L飲むことになるか，上から1けたのがい数にして，見当をつけましょう。
ただし，1年は365日とします。 [20点]

4 ゆみさんが公園の円形の池のまわりを1周すると304歩でした。この池のまわりの長さが124mのとき，ゆみさんの歩はばは何cmでしょう。上から2けたのがい数にして求めましょう。 [20点]

歩いた歩数

答え➡**120ページ**

ある休日，ともきさんは歩数計をつけて出かけました。

　最初，家を出たともきさんは，ゆうきさんの家に遊びに行き，そのあと本屋に行きました。本屋から自分の家に向かって歩いていましたが，学校の前でゆうきさんの家にわすれ物をしたことに気づき，取りに行ってから家に帰りました。

ともきさんが家に帰ったとき，歩数計が表していたのは約何歩でしょう。上から２けたのがい数にして計算しましょう。ただし，ともきさんは，歩はばが45cmで，どこに向かうときもいちばん近い道を選びました。

14 小数のかけ算とわり算

☆ 小数のかけ算

▸ 3.6×4 の筆算

```
    3.6
×     4
   14.4
```

▸ 2.45×36 の筆算

```
      2.45
×       36
     14 70   ←2.45×6
     73 5    ←2.45×30
     88 20
```

☆ 小数のわり算

▸ 7.2÷4 の筆算

```
      1.8
  4)7.2
    4
    3 2
    3 2
      0   ←わり切れた
```

▸ あまりのあるわり算

```
      1.3
  5)6.7
    5
    1 7
    1 5
    0 2
```

あまりの小数点は
わられる数の小数
点にそろえます。

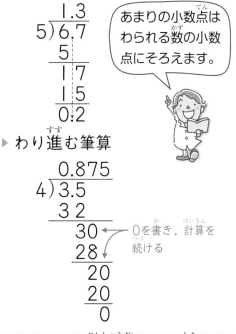

▸ わり進む筆算

```
      0.875
  4)3.5
    3 2
      30   ←0を書き, 計算を
      28      続ける
      20
      20
       0
```

小数のある文章題でも, 式のつ
くり方は整数のときと同じである。
小数の計算に注意しよう。

1 小数のかけ算

 問題❶ 小数×整数…小数×１けたの数

工場の倉庫に，鉄のぼうが５本あります。１本の重さは1.36kgです。
５本の重さは，何kgになるでしょう。

コーチ

〔小数×整数の筆算〕
①小数点を考えないで整数のかけ算と同じように計算します。
②かけられる数にそろえて，積の小数点をうちます。

考え方 式は 1.36×5
1.36kg は 0.01kg が 136 こ
1.36 の 5 倍は 0.01 が 136×5 こ
↓
0.01 が 680 こ

1.36×5＝6.8(kg)
筆算では，整数のかけ算と同じように計算します。
積の 6.80 は 6.8 と同じ大きさですから 0 は消します。

```
   1.36
×     5
   6.80
```

答 6.8kg

積の小数点の位置に注意しましょう。

 問題❷ 小数×整数…小数×２けたの数

１こ 9.7kg の荷物が，34 こあります。
全体の重さは，何kgになるでしょう。

 コーチ

● かける数が２けたのときも，整数のかけ算と同じように計算します。

● 左の問題では，１この重さを 10kg と考えて，答えの見当をつけて計算すると，位のあやまりがなくなります。

考え方 9.7kg の 34 こ分ですから
式は
9.7×34

かける数が２けたになっても，計算のしかたは，１けたのときと同じです。

9.7×34＝329.8(kg)

```
    9.7
×   34
   38 8
  291
  329 8
```

答 329.8kg

かくにんテスト

① [小数のある文章題]

次の問いに答えましょう。　[各12点…合計36点]

(1) けんとさんの体重は，32.7kg です。お父さんの体重は，けんとさんの体重の2倍だそうです。お父さんの体重は何kg でしょう。

(2) さりなさんは，毎日 2.4dL の野菜ジュースを飲んでいます。1週間では，何dL 飲むでしょう。

(3) 1.8kg のさとうのふくろ，7ふくろ分の重さは何kg でしょう。

② [かんづめの重さ]

1こ 0.52kg のかんづめを，1箱に6こずつつめていきます。

[各14点…合計28点]

(1) 箱だけの重さを0.8kg とすると，かんづめを入れた1箱の重さは何kg でしょう。

(2) かんづめを入れた箱，12箱の重さは何kg でしょう。

③ [小数のある文章題]

次の問いに答えましょう。　[各12点…合計36点]

(1) 紙テープを1人2.7m ずつ使って，かざりを作ります。クラス 35人分では，何m の紙テープがいりますか。

(2) しょう油を，12このびんに同じ量ずつ分けると，0.23L ずつになったそうです。しょう油は何L あったのでしょう。

(3) 重さ2.4kg の荷物87こを，トラックにのせて運びます。
荷物の重さは全部で何kg でしょう。

2 小数のわり算(1)

問題1 小数÷整数(1)

しおりさん，ゆかさん，まりなさんの3人が2.4mのテープを，同じ長さに分けています。1人分は，何mになるでしょう。

> ● 小数÷整数では，われる数が0.1や0.01が何こ分かを考えて計算します。

考え方 全体の量÷いくつ分＝1つ分の量

ですから，式は

$$2.4÷3$$

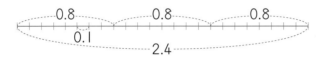

> 2.4は0.1が24こ分

2.4 は 0.1 が 24 こ
2.4÷3 は 0.1 が (24÷3) こ
　　　　　0.1 が　　　　8 こ
2.4÷3＝0.8(m)

答 0.8m

問題2 小数÷整数(2)

よしきさんたちは，9.2Lのジュースを4人で同じように分けています。
1人分は，何Lになるでしょう。

> 〔小数÷整数の筆算〕
> ①小数点を考えないで，整数のわり算と同じように計算します。
> ②われる数の小数点にそろえて，商の小数点をうちます。

考え方 9.2L を 4 つに分けるので，式は

$$9.2÷4$$

筆算では，右のようにします。

9.2÷4＝2.3(L)

答 2.3L

$$\begin{array}{r} 2.3 \\ 4\overline{\smash{)}9.2} \\ 8 \\ \hline 12 \\ 12 \\ \hline 0 \end{array}$$

かくにんテスト

答え➡別さつ27ページ
時間**15**分　合かく点**70**点

1 [小数のわり算の文章題]
次の問いに答えましょう。[各15点…合計60点]

(1) 1.8Lの牛にゅうを，6人で同じように分けます。1人分は何Lになるでしょう。

(2) 3.5kgのさとうを，7ふくろに同じ量ずつ分けます。1ふくろは何kgになるでしょう。

(3) まわりの長さが6.8mの正方形の花だんがあります。この花だんの1辺の長さは何mでしょう。

(4) 2.34mのはり金を，9つのはんに同じように分けます。1つのはんのはり金の長さは何mになるでしょう。

2 [みかんの重さ]
みかん8この重さをはかると，2.08kgありました。
みかん1この重さは何kgでしょう。[20点]

3 [石けん水の量]
実験に使うため，1.76Lの石けん水を用意しました。8つのはんに同じ量ずつ分けると，1つのはんは何Lになるでしょう。[20点]

③ 小数のわり算(2)

問題① あまりのあるわり算

42.6mのテープを8つのはんに, 同じ長さに分けたいと思います。

1つのはんの長さは何mになるでしょう。商を $\frac{1}{10}$ の位まで計算して, あまりも求めましょう。

● 小数のわり算であまりが出るとき, あまりの小数点はわられる数の小数点にそろえます。

たしかめの式
わる数×商+あまり
=わられる数
8×5.3+0.2
=42.6

 同じ長さに分けるのだからわり算です。

式は 42.6÷8

筆算では, 右のようになります。

```
    5.3
8)42.6
  40
   2 6
   2 4
   0:2
```

42.6÷8=5.3 あまり 0.2

答 5.3mで, 0.2m残る

問題② 倍のあたいを求めるわり算

ゆいさんのおこづかいは1週間で350円です。えりさんは1年間(365日)で14600円もらえます。1日あたりにもらえるおこづかいについて, ゆいさんはえりさんの何倍でしょう。

● いくら続けてもわり切れないときは, てきとうな位で四捨五入をして, 商をがい数で求めます。

例 ここを四捨五入

```
    4.333
3)13.000
  12
   1 0
     9
     1 0
       9
       1 0
         9
         1
```

$\frac{1}{100}$ の位まで求めると, 4.33になります。

 ゆいさんの1日あたりにもらえるおこづかいは

350÷7=50(円)

えりさんの1日あたりにもらえるおこづかいは

14600÷365=40(円)

となるので, 式は 50÷40

50円を50.00円と考えて, 筆算でわり進んでいきます。

```
      1.25
40)50.00
   40
   100
    80
    2 00
    2 00
       0
```

50÷40=1.25(倍)

答 1.25倍

かくにんテスト

1 ［1人分のねん土の重さ］

7.4kg のねん土を 4 人で同じ重さに分けます。1 人分は何 kg でしょう。 [20点]

2 ［1 人分のテープの長さ］

15m のテープを，9 人で同じ長さに分けようと思います。1 人分は何 m になるでしょう。

商を $\frac{1}{10}$ の位まで求め，あまりも出しましょう。 [20点]

3 ［木と木の間の長さ］

まわりの長さが 94.5m の池があります。この池のまわりにさくらの木を 18 本植えようと思います。木と木の間を同じはばにするためには，間を何 m にするとよいでしょう。 [20点]

4 ［2 人の体重をくらべる］

なおきさんとお父さんが，体重をはかりました。なおきさんは 35kg で，お父さんは 56kg でした。お父さんの体重はなおきさんの体重の何倍になるでしょう。 [20点]

5 ［マラソンの速さ］

つばささんのお兄さんは，42.195km のマラソンコースを 3 時間かけて走りました。1 時間に何 km のペースで走ったのでしょう。 [20点]

チャレンジテスト①

1 次のそれぞれの問いに答えましょう。[各10点…合計40点]

(1) 運動会のダンスで，1人0.36mずつテープを使うことになりました。4年生120人では，何mのテープがいるでしょう。

(2) たてが12.4cm，横が8.6cmの長方形のまわりの長さは，何cmでしょう。

(3) 5kgのすなを，12のふくろに同じ量ずつ分けています。1つのふくろに何kgずつ入るでしょう。商を $\frac{1}{100}$ の位まで求め，あまりも出しましょう。

(4) 7mのリボンを6人が同じ長さに分けたら，0.04m残りました。1人分の長さは何mでしょう。

2 りょうさんの家では，1.8dLの牛にゅうを，毎日6本ずつ飲んでいます。1週間では，何dL飲んでいるでしょう。[15点]

3 たかやさんの家の石油ストーブは，1時間に1.3Lの灯油がいります。このストーブを，毎日6時間ずつつけるとすると，1か月(30日)には，何Lの灯油がいるでしょう。[15点]

4 たかしさんの家は5人家族で，毎日ひとりあたり360gお米を食べます。よしみさんの家は4人家族で，毎日ひとりあたり300gお米を食べます。たかしさんの家で1日に食べられるお米の量は，よしみさんの家の何倍でしょう。[15点]

5 1本の長さが75cmのロープを25本つないで，大なわを作ろうと思います。大なわの長さは，何mになるでしょう。ただし，それぞれのなわのつなぎ目をつくるのに，2.5cmずつ使うことにします。[15点]

チャレンジテスト②

答え➡別さつ28ページ
時間**30**分　合かく点**60**点

1 ホースから１秒間に0.4Lの水が出ています。１時間で何Lの水が出たでしょう。[20点]

2 ある数を16でわり，商を小数第2位まで計算すると，商が1.23，あまりが0.02でした。ある数を求めましょう。[20点]

3 あるクラスの人数は33人です。24.75Lのお茶をクラス全員で同じように分けるとき，１人分は何Lでしょう。[20点]

4 コピー用紙500まいの重さをはかると2.14kgありました。このコピー用紙１まいの重さは何gですか。[20点]

5 えん筆１ダースがはいった箱の重さは80gです。このうち，箱の重さは11gです。えん筆１本の重さは何gでしょう。[20点]

同じ数がくり返しならぶ小数

答え→**120**ページ

1÷2，1÷4 を計算すると

1÷2＝0.5，1÷4＝0.25

となり，わり切れます。

ところが，1÷3 や 5÷11 を計算をすると

1÷3＝0.3333…

5÷11＝0.454545…

のように，「3」や「45」という同じ数のならびがくり返されます。

このように，同じ数のならびがくり返されるわり算をしてみましょう。

次のわり算をして，くり返される数を答えましょう。

(1) 1÷9   (2) 8÷33   (3) 1÷7

中にはくり返される数がとても多いものもあります。

1÷17＝0.0588235294117647 0588235294117647…

1÷121＝0.0082644628099173553719
　　　　　　0082644628099173553719
　　　　　…

1÷49
＝0.0204081632653061224489795918367346938775 1
　　0204081632653061224489795918367346938775 1
　　…

15 直方体と立方体

☆ 直方体と立方体

▶ **直方体**…長方形だけ，または長方形と正方形でかこまれた箱の形。

▶ **立方体**…正方形だけでかこまれた箱の形。

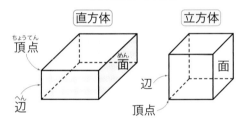

▶ 直方体や立方体の面のように平らな面のことを**平面**という。

☆ 直方体と立方体の辺や面

▶ 向かい合っている面は**平行**，となり合っている面は**垂直**になっている。

▶ 1つの辺に平行な辺は3つ，垂直な辺は4つある。

▶ 1つの面に平行な辺は4つ，垂直な辺は4つある。

☆ 見取図と展開図

見取図…立体の全体の形がわかるようにかいた図。

展開図…立体を辺にそって切り開いて平面の上に広げた図（下の図）。

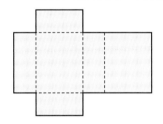

☆ 位置の表し方

▶ 平面上の点の位置は（たて，横）の長さの組で表す。空間の点の位置は（たて，横，高さ）の長さの組で表す。

(たて2, 横4)

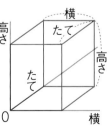

1 直方体と立方体

問題 1 直方体の面, 辺, 頂点の数

右の図のような直方体が
あります。

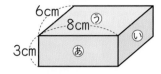

(1) 面の数はいくつですか。
(2) どんな長さの辺が, 何本ありますか。
(3) 頂点の数は, いくつでしょう。

コーチ

● 直方体も立方体も面, 頂点, 辺の数は同じです。

面…6つ
辺…12本
頂点…8つ

考え方

直方体では, 向かい合った面は, 同じ大きさになっています。

(1) ⓐとⓐに向かい合った面…1組(2つ)
　　 ⓘとⓘに向かい合った面…1組(2つ)
　　 ⓤとⓤに向かい合った面…1組(2つ) 答 6つ

(2) 向かい合った面(長方形)が同じ大きさだから, 向かい合った辺の長さも同じになります。

答 3cmの辺…4本, 6cmの辺…4本, 8cmの辺…4本

(3) 直方体の頂点は8つあります。 答 8つ

問題 2 辺や面の垂直・平行

右の図のような立方体があります。

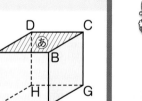

(1) 面ⓐに平行な面はどれですか。
(2) 面ⓐに垂直な面を, 全部答えましょう。
(3) 辺AEに平行な辺を, 全部答えましょう。
(4) 辺AEに垂直な辺を, 全部答えましょう。

コーチ

● 直方体や立方体では, となり合った面は垂直で, 向かい合った面は平行です。

考え方

(1) 面ⓐと向かい合った面です。 答 面EFGH
(2) 面ⓐととなり合った面です。
答 面AEFB, 面BFGC, 面DHGC, 面AEHD
(3) 辺AEと向かい合った辺です。 答 辺BF, 辺CG, 辺DH
(4) 辺AEと交わった辺です。 答 辺AB, 辺EF, 辺AD, 辺EH

たいせつ
ポイント 直方体や立方体の，面の数は 6，辺の数は 12，頂点の数は 8。
となり合った面は垂直で，向かい合った面は平行。

問題 3　直方体の展開図

右の図の展開図を組み立て
て直方体を作ります。
次の問いに答えましょう。

(1)　辺 AB と平行な辺はど
れですか。

(2)　あの面に垂直な面はど
れですか。

(3)　あの面に平行な面はどれですか。

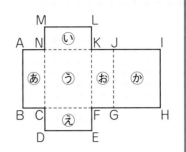

コーチ

● 展開図で平行や
垂直である面や辺
を考えるとき，見
取図をかくと考え
やすくなります。
1つの面に垂直な
面は 4 つ，1つの
面に平行な面は 1
つあります。

考え方

見取図をかいて考えま
す。

(1)　見取図で，辺 AB
と向かい合った辺で，3つあり
ます。**答** 辺 NC，辺 KF，辺 JG

(2)　見取図で，あの面ととなり合
った面で，4つあります。　**答** 面い，面う，面え，面か

(3)　見取図で，あの面と向かい合った面です。　**答** 面お

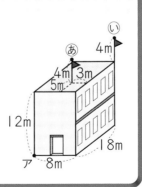

問題 4　空間の点の位置

たて 18m，横 8m，高さ 12m の
建物の屋上にあといのはたが立っ
ています。アの点をきじゅんにし
たとき，はたの位置はどのように
表せるでしょう。はたの高さは，
どちらも 4m です。

コーチ

● 平面にある点の
位置は，きじゅん
になる点から
（たて，横）の長さ
の組で表します。
● 空間にある点の
位置は，きじゅん
になる点から
（たて，横，高さ）
の長さ
の組で表します。

考え方

あ…たてに 5m，横に 8−3＝5(m)，高さ
12＋4＝16(m)

い…たてに 18m，横に 8m，高さ 12＋4＝16(m)
　答 あ(5，5，16)　い(18，8，16)

かくにんテスト①

① 〔直方体を作る竹ひごとねん土〕

右の図のような直方体を，竹ひごとねん土で作ろうと思います。 [各12点…合計48点]

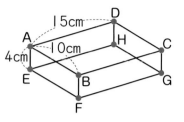

(1) 竹ひごと，竹ひごをつなぐねん土はそれぞれいくついるでしょう。

(2) 竹ひごは，全部で何cmいるでしょう。

(3) 辺EFと同じ長さの辺をすべて答えましょう。

(4) 辺AEに平行な辺をすべて答えましょう。

② 〔立方体の平行な面，垂直な辺〕

右の図のような立方体を作ります。 [各10点…合計30点]

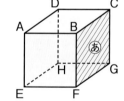

(1) 正方形が何まいいりますか。

(2) 面あに平行な面はどれでしょう。

(3) 面あに垂直な辺をすべて答えましょう。

③ 〔リボンの長さ〕

右の図のような直方体の箱にリボンをかけます。
リボンの結び目に10cm使うとすると，全部で何cmのリボンがいるでしょう。 [22点]

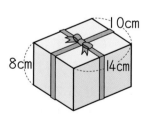

かくにんテスト②

① 〔展開図〕
　右の図のような展開図を組み立てて，箱を作ります。次の問いに答えましょう。

[各10点…合計60点]

(1) 組み立てると，どんな形ができるでしょう。

(2) 面⑅に平行な面はどれでしょう。

(3) 面②に垂直な面をすべて答えましょう。

(4) 辺EFと重なる辺はどれでしょう。

(5) 辺EFの長さは何cmでしょう。

(6) 辺CDの長さは何cmでしょう。

② 〔点の位置〕
　右の図のように，1mの方がんの上に垂直に線をひいて，イ，ウ，エ，オの点をとりました。アの点をきじゅんにしたとき，それぞれの点の位置を表しましょう。

[各10点…合計40点]

イ. (たて　　m, 横　　m, 高さ　　m)

ウ. (たて　　m, 横　　m, 高さ　　m)

エ. (たて　　m, 横　　m, 高さ　　m)

オ. (たて　　m, 横　　m, 高さ　　m)

1 右の図のような直方体があります。この直方体を図のように，赤い線のところで切り，また，もとの形にくっつけました。[各10点…合計40点]

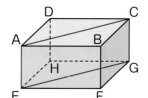

(1) 辺 EF に平行な面を答えましょう。

(2) 辺 EF に垂直な面を答えましょう。

(3) 切り口の面 AEGC は，どんな四角形でしょう。

(4) 切り口の面 AEGC に垂直な面は，どれでしょう。

2 右の図は，さいころの展開図です。さいころの向かい合った面に書かれた数の和は 7 になっています。展開図の，あ，い，うの面に書かれた数を答えましょう。

[各10点…合計30点]

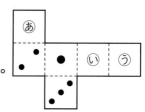

3 下の展開図のうち，組み立てたとき，立方体ができるのはどれでしょう。

[30点]

① 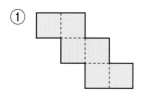　② 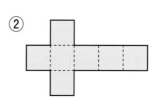　③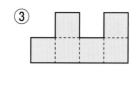

16 問題の考え方

☆ 順にもどして考える

例 「りんごを6こ買うと20円
引きで700円でした。りんご
1こは何円でしょう。」

考え方

りんご
1こ → 6を
かける → りんご
6こ → 20を
ひく → 700
円
← 6で
わる ← 20を
たす

$700+20=720$
$720÷6=120$ 答 120円

☆ ちがいに目をつけて考える

例 「あるクラスの人数は39人
で，男子は女子より3人多い
そうです。女子の人数は何人
でしょう。」

考え方

男子├──────────┤
女子├────────┤3人 }39人

$39-3=36$ ←女子の2倍
$36÷2=18$ 答 18人

☆ 共通部分に目をつけて考える

例 「ノート1さつとえん筆1
本で140円，ノート1さつと
えん筆2本で180円です。ノ
ート1さつ，えん筆1本は，
それぞれいくらでしょう。」

考え方

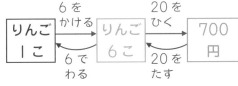

$180-140=40$ ←えん筆1本
$140-40=100$ ←ノート1さつ

答 ノート100円，えん筆40円

☆ 何倍になるかを考える

例 「やすおさんのお父さんの
体重は72kgで，やすおさん
の2倍です。やすおさんの体
重は妹の3倍です。妹の体重
は何kgでしょう。」

考え方

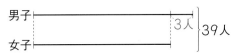

$3×2=6$
$72÷6=12$ 答 12kg

1 問題の考え方

問題 1 順にもどして考える

かえでさんは，ケーキ5こを70円の箱に入れてもらい，920円はらいました。ケーキ1このねだんはいくらでしょう。

コーチ

● 問題を図に表して考えます。

● もどすときは，
　たしたところ
　　→ひく
　かけたところ
　　→わる
　ひいたところ
　　→たす
　わったところ
　　→かける
と計算します。

代金→ケーキ5このねだん→ケーキ1このねだん
と順にもどして考えます。図に表すと，

ケーキ5このねだんは，920−70＝850(円)
ケーキ1このねだんは，850÷5＝170(円)　　**答** 170円

問題 2 共通部分に目をつけて考える

みかん3ことりんご2こを買って，440円はらいました。みかん3ことりんご4こでは，700円になるそうです。みかん1ことりんご1このねだんは，それぞれいくらでしょう。

コーチ

● 図をかいて，共通な部分と，ちがいの部分をはっきりさせます。

● 下のような線分図に表してもいいです。

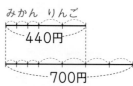

両方の代金に共通な部分を見つけます。

　の中は共通なので，代金のちがいは，りんご2こ分のねだんにあたります。

700−440＝260(円)←りんご2こ分のねだん
260÷2＝130(円)←りんご1このねだん
440−130×2＝180(円)←みかん3このねだん
180÷3＝60(円)←みかん1このねだん

答 みかん1こ60円，りんご1こ130円

コーチ

問題3 ちがいに目をつけて考える

カードとボールペンを買って430円はらいました。カードはボールペンより70円高いそうです。カードとボールペンのねだんは，それぞれいくらでしょう。

● 大，小2つの量の和と差がわかっているとき，大，小の量は，次の式で求められます。

(和－差)÷2＝小
(和＋差)÷2＝大

左の問題では，

| 和…430円
| 差…70円
| 大…カード
| 小…ボールペン

です。

 考え方 問題を線分図に表すと，

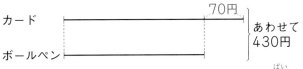

430円から70円ひくと，ボールペンのねだんの2倍になります。

$$430-70=360（円）\longleftarrow ボールペンの2倍$$
$$360÷2=180（円）\longleftarrow ボールペンのねだん$$
$$180+70=250（円）\longleftarrow カードのねだん$$

答 カード250円，ボールペン180円

 別の考え方 430円に70円たすと，カードのねだんの2倍になると考えることもできます。

$$430+70=500（円），\quad 500÷2=250（円）\longleftarrow カードのねだん$$
$$250-70=180（円）\longleftarrow ボールペンのねだん$$

2つのねだんをたすと，
250＋180
＝430(円)
で正しいね。

問題4 何倍になるかを考える

青いテープの長さは360cmで，白いテープの長さの4倍です。白いテープの長さは，赤いテープの長さの2倍です。赤いテープの長さは，何cmでしょう。

 コーチ

● 小の■倍が中，中の▲倍が大のとき，大は小の(■×▲)倍になります。

● □×8＝360のとき，□を求めるには，わり算を使います。

 考え方 青いテープの長さが，赤いテープの長さの何倍になるかを考えます。図に表すと，次のようになります。

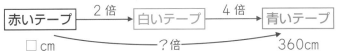

青いテープの長さは，赤いテープの，2×4＝8(倍)です。
赤いテープの長さは，360÷8＝45(cm)になります。

答 45cm

かくにんテスト①

1 〔クッキーのねだん〕

クッキーを7まい買いました。40円安くしてもらって，800円はらいました。

クッキーは，1まい何円のねだんがついていたのでしょう。［20点］

2 〔どんぐりの数〕

けんとさんたちは，どんぐりを6人で同じ数ずつ分けました。そのあと，けんとさんは，みどりさんから5こもらったので，23こになりました。

［各10点…合計20点］

(1) 1人何こずつ分けたのでしょう。

(2) どんぐりは，はじめ何こあったのでしょう。

3 〔けしゴムとえん筆のねだん〕

ある店で，けしゴム3ことえん筆2本では690円で，けしゴム5ことえん筆2本では990円でした。［各10点…合計20点］

(1) あやこさんは，990−690＝300という計算を考えました。300円はどんなことを表していますか。

(2) けしゴム1ことえん筆1本の，それぞれのねだんを求めましょう。

4 〔タオルと石けんのねだん〕

タオル1まいと石けん2この代金は560円です。これと同じタオル1まいと石けん5この代金は800円です。

タオル1まいと，石けん1このねだんは，それぞれいくらでしょう。

［20点］

5 〔ある数を求める〕

ある数を4でわってから30をひくと，20になりました。ある数を求めましょう。［20点］

かくにんテスト②

1 〔2人が持っているおはじきの数〕

　はるかさんと妹は, おはじきをあわせて47こ持っています。はるかさんは, 妹より9こ多く持っています。[各10点…合計20点]

(1) はるかさんは, おはじきを何こ持っているでしょう。

(2) 妹は, おはじきを何こ持っているでしょう。

2 〔兄と弟で色紙を分ける〕

　色紙が60まいあります。この色紙を, 兄と弟の2人で分け, 兄の分を弟よりも14まい多くしたいと思います。

　どのように分けたらよいでしょう。[20点]

3 〔家から公園までの道のり〕

　えいたさんの家から駅までは, 960mあります。これは, 家から学校までの3倍です。家から学校までは, 家から公園までの4倍です。

　家から公園までは, 何mでしょう。[20点]

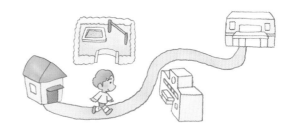

4 〔えん筆とノートの代金〕

　よしきさんは, えん筆1本とノート1さつを買って, 240円はらいました。ノートは, えん筆のねだんの3倍だったそうです。

　えん筆1本とノート1さつの, それぞれのねだんはいくらでしょう。

[20点]

5 〔姉の年れい〕

　えみさんのおじいさんの年れいは, えみさんの年れいの7倍で, えみさんのお姉さんの年れいの4倍です。えみさんは12才です。

　お姉さんは何才でしょう。[20点]

チャレンジテスト

答え→別さつ31ページ
時間 **30**分　合かく点 **60**点

得点 ／100

1 「中身 220g」と書いてあるかんづめがあります。
このかんづめ 4 こ の重さをはかったら，1060g ありました。
かんだけの重さは，1 こ何 g でしょう。［20点］

2 まさとさんは，かき 3 ことみかん 5 こを買って，810 円はらいました。
かき 1 ことみかん 1 こでは，210 円だそうです。
かき 1 ことみかん 1 このねだんは，それぞれいくらでしょう。［20点］

3 みゆきさんはおはじきを 85 こ，えりこさんは 37 こ持っています。
みゆきさんがえりこさんに何こあげると，2 人のおはじきの数が同じになるでしょう。［20点］

4 3m のテープを，A，B，C に分けます。A は B より 50cm 長く，B は C より 20cm 長くなっています。
A，B，C それぞれの長さを求めましょう。［20点］

5 大人 2 人と子ども 1 人で，遊園地に行きました。入園料は全部で 2200 円でした。大人の入園料は，子どもの入園料の 2 倍より 100 円高いそうです。［各10点…合計20点］

(1) 子どもの入園料はいくらでしょう。

(2) 大人の入園料はいくらでしょう。

電卓で計算遊びをします。次のようにおしてみましょう。

① 123 + 369 + 987 + 741

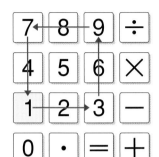

答えは，2220になります。

② 321 + 159 + 987 + 753

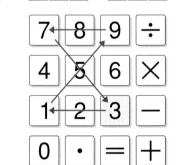

答えは，2220になります。

③ 321 + 147 + 789 + 963

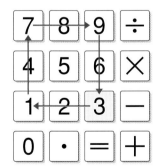

答えは，やっぱり2220になります。

とてもふしぎですね。ほかにも 2220 になる計算があります。さがしてみましょう！

さくいん

この本に出てくるたいせつなことば

④

おもしろ算数 の答え

<94 ページの答え>

答 5800 歩

<104 ページの答え>

答 (1) 1   (2) 24   (3) 142857

□ 編集協力　有限会社四月社　株式会社キーステージ 21　植木幸子　小南路子
□ デザイン　福永重孝
□ 図版作成　有限会社デザインスタジオエキス.　山田崇人
□ イラスト　ふるはしひろみ　よしのぶもとこ

シグマベスト
これでわかる
算数　小学4年　文章題・図形

編 者　文英堂編集部
発行者　益井英郎
印刷所　株式会社天理時報社
発行所　株式会社文英堂
　　　　〒601-8121　京都市南区上鳥羽大物町28
　　　　〒162-0832　東京都新宿区岩戸町17
　　　　(代表)03-3269-4231

©BUN-EIDO　2011　　　　Printed in Japan　　　●落丁・乱丁はおとりかえします。

ΣBEST
シグマベスト

これでわかる
算数 小学4年
文章題・図形

くわしく
わかりやすい

答えと とき方

- 「答え」は見やすいように，ページごとに"わくがこみ"の中にまとめました。
- 「考え方・とき方」では，線分図(直線の図)，表などをたくさん入れ，とき方がよくわかるようにしています。
- 「知っておこう」では，これからの勉強に役立つ，進んだ学習内ようをのせています。

文英堂

1 大きい数のしくみ

かくにんテスト①の答え　　8ページ

❶ (1) 400000306000
　 (2) 70005001000000
❷ (1) 四兆九千七百三十二億千五百万
　 (2) 十億の位　(3) 9　　(4) 4
❸ (1) 1023456789
　 (2) 1498765320
❹ 100倍

考え方・とき方

❶ (1) 千億が4こで4000億, 十万が3こで30万, 千が6こで6000

位	4	0	0	0	0	0	3	0	6	0	0	0
	千	百	十	一	千	百	十	一	千	百	十	一
				億				万				

(2) 十兆が7こで70兆, 十億が5こで50億, 百万が1こで100万

位	7	0	0	0	5	0	0	1	0	0	0	0	0	0
	千	百	十	一	千	百	十	一	千	百	十	一		
		兆				億				万				

❷ 4けたごとに区切ると, わかりやすくなる。

4｜9732｜1500｜0000
↑兆　　　億　　　万
一　千　十
兆　億　億

❸ (1) 1をいちばん左にして, 小さい数から順にならべる。
　　　　1023456789
(2) 15億より小さくて, 15億にいちばん近い数は,
　　14｜9876｜5320
　15億との差→　　12 ‥‥‥‥‥‥
　15億より大きくて, 15億にいちばん近い数は,
　　15｜0234｜6789
　15億との差→　　234 ‥‥‥‥‥‥
　1498765320のほうが15億に近い。

❹ 3600億の6は600億を表す。36億の6は6億を表す。
　　600億は6億の100倍。

かくにんテスト②の答え　　9ページ

❶ 37310円
❷ 102616人
❸ 54400円
❹ 14億円
❺ (1) 71400　　(2) 7140000
　 (3) 714億　　(4) 714兆

考え方・とき方

❶ 205×182
　入園料　人数
　=37310(円)

```
     205
   × 182
     410
    1640
     205
   37310
```

❷ 808×127
　席の数　本数
　=102616(人)

```
     808
   × 127
    5656
    1616
     808
  102616
```

❸ 320×170
　1このねだん　こ数
　　=54400(円)

```
      320
    × 170
      224
      32
    54400  ←あとで
              0をつける
```

❹ 671億−657億=14億(円)
　数の部分だけ計算して, 答えに「億」をつければよい。

❺ (1) 420×170=42×10×17×10
　　　　　　　=42×17×10×10
　　　　　　　=71400　　100
(2) 4200×1700=42×100×17×100
　　　　　　　=42×17×100×100
　　　　　　　　　　　10000
　　　　　　　=7140000(714万)

(3) 42万×17万＝42×1万×17×1万
　　　　　　　　＝42×17×1万×1万
　　　　　　　　＝714億　　　　1億

(4) 42億×17万＝42×1億×17×1万
　　　　　　　　＝42×17×1億×1万
　　　　　　　　＝714兆　　　　1兆

チャレンジテストの答え 　10ページ

❶ 12こ
❷ (1) 76543210
　 (2) 10234567
　 (3) 76543201
　 (4) 10234576
❸ 4年生のほうが933円安い
❹ (1) 110250円　(2) 89700円

考え方・とき方

❶ 82兆円は,
　 82 ┆0000┆0000┆0000(円)
　　 兆　　億　　万

　 2のあとに0が12こつく。

❷ (1) いちばん大きい数は, 大きい数のカード
　　　 から順にならべる。
　 (2) いちばん小さい数は, 1をはじめにして,
　　　 あとは小さい数のカードから順にならべる。
　 (3) 2ばんめに大きい数は, いちばん大きい数
　　　 の一の位と十の位のカードを入れかえる。
　　　 76543210 ←いちばん大きい数

　　　 76543201 ←2ばんめに大きい数
　 (4) 2ばんめに小さい数は, いちばん小さい数
　　　 の一の位と十の位のカードを入れかえる。
　　　 10234567 ←いちばん小さい数

　　　 10234576 ←2ばんめに小さい数

❸ 4年生のひ用は
　 453×109
　 　1人分　人数
　 ＝49377(円)

　　　　　　453
　　　　　×109
　　　　　4077
　　　　　453
　　　　49377

5年生のひ用は
430×117
　1人分　　人数
＝50310(円)

　　　　430
　　　×117
　　　　301
　　　　43
　　　　43
　　　50310

4年生のほうが安い。

　　50310
　－49377
　　　933(円)

❹ (1) 875×126
　　　　1まい分　売れた数
　　 ＝110250(円)

　　　　　875
　　　×126
　　　5250
　　　1750
　　　875
　　110250

　 (2) 260×345
　　　　1足分　売れた数
　　 ＝89700(円)

　　　　　260
　　　×345
　　　　130
　　　104
　　　78
　　89700

---

2 角の大きさ

かくにんテスト①の答え 　14ページ

❶ あ…63°　　　　い…228°
　 う…306°
❷ あ…15°　　　　い…30°
　 う…135°　　　え…120°
　 お…60°　　　か…135°
❸ 40°
❹ (1) 4　　(2) 1　　(3) 50

考え方・とき方

❶ 半回転の角＝180°より117°小さいから,
　 あ＝180°－117°＝63°
　 半回転の角より48°大きいから,
　 い＝180°＋48°＝228°
　 1回転の角＝360°より54°小さいから,
　 う＝360°－54°＝306°

❷ 三角じょうぎの３つの角の大きさは，次のようになっている。

 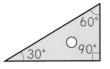

あ＝60°－45°＝15°　い＝30°

う＝180°－45°＝135°

え＝90°＋30°＝120°　お＝90°－30°＝60°

か＝180°－45°＝135°

❸ 紙を広げると，下の図のようになる。

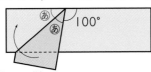

あの角度２つ分と100°をたすと180°になるから，

　　あ＝（180°－100°）÷2

　　　＝40°

❹ (1) 360°は１回転→４直角

(2) 150°－60°＝90°だから，１直角と60°をあわせた角度。

(3) ３直角は，90°×3＝270°

320°－270°＝50°だから，３直角より50°大きい角度。

向かい合った角は等しいから，

　　い＝70°

半回転の角は180°だから

　　う＝180°－45°＝135°

向かい合った角は等しいから，

　　え＝135°

❷ 時計の大きい１めもりは，30°

(1) 30°×4＝120°

(2) 30°×10＝300°

(3) 30°×3＋15°＝105°

　　　　　　└30°の半分

❸ 時計の長いはりは５分間で30°回るから，

(1) 30°×3＝90°

　　　　└15分は５分の３倍

(2) 30°×5＝150°

　　　　└25分は５分の５倍

(3) 30°×8＝240°

　　　　└40分は５分の８倍

(4) １時間では360°回る。

❹ (1) 15分から45分までは30分。

30°×6＝180°

　　　└30分は５分の６倍

(2) ９時30分から11時までは，１時間30分。短いはりは１時間に30°回り，30分間では15°回るから，

30°＋15°＝45°

かくにんテスト②の答え　**15**ページ

❶ あ…110°　　い…70°

　う…135°　　え…135°

❷ (1) 120°　　(2) 300°　　(3) 105°

❸ (1) 90°　　(2) 150°

　(3) 240°　　(4) 360°

❹ (1) 180　　(2) 45

考え方・とき方

❶ 半回転の角は180°だから，

　　あ＝180°－70°＝110°

チャレンジテストの答え　**16**ページ

❶ あ 63°　　い 78°

　う 86°　　え 26°

❷ あ 135°　　い 105°

　う 45°　　え 15°

　お 40°　　か 50°

❸ (1) 60°　　(2) 270°

　(3) 165°　　(4) 255°

❹ (1) 6, 5　　(2) 10, 3

　(3) 30

考え方・とき方

❶ ⓐ＝180°−(78°＋39°)＝180°−117°
　　　＝63°

　ⓘ＝78°
　　└─78°の角と向かい合っている。

　ⓤ＝180°−(34°＋60°)＝180°−94°＝86°
　　１回転の角は360°だから，

　ⓔ＝360°−(287°＋26°＋21°)
　　　＝360°−334°＝26°

❷ ⓐ＝180°−45°＝135°

　ⓘ＝45°＋60°＝105°　ⓤ＝90°−45°＝45°

　ⓔ＝45°−30°＝15°　ⓞ＝90°−50°＝40°

　ⓚ＝90°−40°＝50°

❸ 時計の短いはりは，１時間に30°回る。

　(1) 30°×2＝60°

　(2) 30°×9＝270°

　(3) 30分では15°回るから，
　　　30°×5＋15°＝165°

　(4) 30°×8＋15°＝255°

❹ (1) 時計の長いはりは，5分間で30°回るから，１分間では，
　　　30°÷5＝6°回る。

　　時計の短いはりは，１時間で30°回る。
　　　１時間＝60分
　　だから，10分間では，
　　　30°÷6＝5°回る。

　(2) 時計の長いはりは，5分間で30°回るから，60°回るのには，5×2＝10(分)かかる。
　　　　　　　　　　└─60°は30°の2倍

　　また，短いはりは１時間で30°回るから，90°回るのには，3時間かかる。
　　　　　　　　　　└─90°は30°の3倍

　(3) 時計の長いはりが15分間で回る角度は，
　　　30°×3＝90°
　　　　└─15分は5分の3倍
　　短いはりが2時間で回る角度は，
　　　30°×2＝60°
　　その差は，
　　　90°−60°＝30°

3 わり算の筆算(1)

かくにんテストの答え　19ページ

❶ 40人

❷ ジャガイモ

❸ 21まい

❹ 12こ作れて，6cmあまる

❺ １クラス分は19本で，１本あまる

考え方・とき方

❶ 320人を同じ人数ずつ8つに分けるのだから，式は，320÷8

　320は，10が32こ分だから，32÷8＝4より，
　　320÷8＝40(人)

❷ ジャガイモと大根のね上がり前のねだんを，それぞれ１とみて図に表すと，次のようになります。

　　180÷60＝3(倍)
　　240÷120＝2(倍)

❸ 84まいは，4まいのいくつ分になるかを求めるから，
　　84÷4＝21(まい)
　　　　　└─画用紙のまい数

$$\begin{array}{r} 21 \\ 4)\overline{84} \\ \underline{8} \\ 04 \\ \underline{4} \\ 0 \end{array}$$

〔0は書かない〕

❹ 90cmを7cmずつに分けるのだから，
　　90÷7＝12あまり6
　12こ作れて，6cmあまる。

$$\begin{array}{r} 12 \\ 7)\overline{90} \\ \underline{7} \\ 20 \\ \underline{14} \\ 6 \end{array}$$

〈答えのたしかめ〉
　　7×12＋6＝90　→正しい。
　　　　　　└─わられる数

あまりが，わる数より小さいこともたしかめておく。

❺ 1 ダースは 12 本だから，8 ダースのボール
ペンは，

$12×8=96（本）$

これを，同じ数ずつ 5 クラスに
分けるのだから，

$96÷5=19$ あまり 1

↑1 クラスの本数　↑あまりの本数

```
   19
5)96
   5
   46
   45
    1
```

かくにんテスト① の答え　22 ページ

❶ 115 円

❷ 108 人に配れて，3 こあまる

❸ 243 きゃく

❹ 52 週と 1 日

❺ 34 ふくろできて，4 こあまる

考え方・とき方

❶ 8m の代金が 920 円だったの
だから，

$920÷8=115（円）$

↑1m のねだん

```
    115
8)920
   8
   12
    8
    40
    40
     0
```

❷ 435 こを 4 こずつ
配るのだから，

$435÷4$
$=108$ あまり 3

108 人に配れて，
3 こあまる。

（商がたたないので，0 を書く）

（書かなくてもよい）

```
    108
4)435
   4
   [3 0]
    35
    32
     3
```
➡
```
    108
4)435
   4
   35
   32
    3
```

❸ 728 人が 3 人ずつすわるの
だから，

$728÷3=242$ あまり 2

242 きゃくのいすに 3 人ずつ
すわると，残り 2 人がすわれな
いので，あと 1 きゃくいること
になる。

$242+1=243（きゃく）$

```
    242
3)728
   6
   12
   12
    8
    6
    2
```

知っておこう　わり算の文章題であまりが出る
ときは，あまりをどうするかがたいせつであ
る。

❹ 1 週間は 7 日だから，

$365÷7=52$ あまり 1

52 週と 1 日になる。

```
    52
7)365
   35
   15
   14
    1
```

❺ みかんは全部で

$26×8=208（こ）$

208 こを 6 こずつに分けてい
くのだから，

$208÷6=34$ あまり 4

34 ふくろできて，4 こあまる。

```
    34
6)208
   18
   28
   24
    4
```

かくにんテスト② の答え　23 ページ

❶ 628 人

❷ 570 円

❸ 19 倍

❹ 140 円

❺ かんコーヒーが 5 円高い

考え方・とき方

❶ 1884 こを 3 こずつに分けるの
だから，

$1884÷3=628（組）$

↑球根の組の数

628 人に配れることになる。

```
    628
3)1884
   18
    8
    6
    24
    24
     0
```

❷ 2850 円を，同じ金が
くずつ 5 つに分けると，

$2850÷5=570（円）$

（一の位に 0 を書くのをわすれないように）

```
    570
5)2850
   25
    35
    35
     0
```

❸ 図に表すと, 右の
ようになる。
何倍かを求めるとき
は, 1 とした数でわ
る。

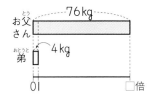

　76÷4=19(倍)

❹ 右の図より,
サインペンのねだん
を□円とすると,

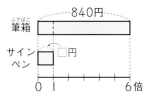

　□×6=840
　840÷6
　=140(円)
　↑
　サインペンのねだん

❺ それぞれの 1 本分のねだん
を求めると,
　544÷8=68(円)
　　　↑
　　かんジュース 1 本分
　365÷5=73(円)
　　　↑
　　かんコーヒー 1 本分
　73−68=5(円)
かんコーヒーのほうが, 5 円高い。

```
    68
8)544
   48
   64
   64
    0
```

```
    73
5)365
   35
   15
   15
    0
```

❷ 143 人を, 4 人ずつのグループ
に分けると,
　143÷4=35 あまり 3
35 グループできて, 3 人あまる。
4 人のグループのうち, 3 グルー
プだけを 1 人ずつふやして 5 人の
グループにしたらよいから, 4 人
のグループの数は,
　35−3=32(グループ)

```
     35
4)143
   12
    23
    20
     3
```

❸ 128 本残っているのだから,
花束にしたカーネーションの数
は,
　376−128=248(本)
1 束は 8 本だから, できている花
束の数は,
　248÷8=31(束)

```
    31
8)248
   24
    8
    8
    0
```

別の考え方　できる花束の数は, 全部で,
　376÷8=47(束)
まだできていない花束の数は,
　128÷8=16(束)
できている花束の数は,
　47−16=31(束)

❹ 8 人が同じ数ずつつくるから,
1 人が使う折り紙の数は,
　1000÷8=125(まい)
あゆみさんの残りの折り紙の数は,
　280−125=155(まい)

```
     125
8)1000
    8
    20
    16
    40
    40
     0
```

❺ 1L200mL=1200mL だから,
　1200÷5=240(mL)
　　　↑
　なおきさんが 1 日に飲んだかさ
1L500mL=1500mL だから,
　1500÷6=250(mL)
　　　↑
　お兄さんが 1 日に飲んだかさ
　250−240=10(mL)
　　　↑
　1 日にお兄さんが多く飲んだかさ

```
     240
5)1200
   10
    20
    20
     0
```

```
     250
6)1500
   12
    30
    30
     0
```

チャレンジテストの答え　24 ページ

❶ 70
❷ 32 グループ
❸ 31 束
❹ 155 まい
❺ 10mL

考え方・とき方
❶ 答えのたしかめの式を利用する。
　[ある数＋9]÷4=19 あまり 3　だから,
　[ある数＋9]をわられる数とみると,
　　4×19+3=79
　　　　　↑
　　　ある数＋9
ある数は,
　　79−9=70

4 垂直・平行と四角形

考え方・とき方

❶ 図をかくと右の
ようになる。

(1) あ，うがいと
垂直であるとき，
あとうは平行。

(2) あといが平行
で，いとうが垂
直であるとき，
あとうは垂直。

(1)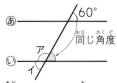

(2)

❷ (1) アは
$180°-60°=120°$

(2) イは，$180°-ア$
$=180°-120°$
$=60°$

知っておこう　2本の直線が交わるとき，向かい
合っている角の大きさ
は等しい。

右の図で，
角あ＝角う
角い＝角え

❸ (1) 三角じょうぎアイウは直角三角形で，
アのところの角度は60°
エの角は，$180°-90°-60°=30°$

(2) あといの直線が平行であるから，辺アイと
いの直線は垂直で，キの角は90°
三角じょうぎアイウのイのところの角度は
30°
オの角は，$180°-90°-30°=60°$

❹ (1) アの角は
$180°-55°=125°$

(2) イの角は 55° の角
と向かい合う角だか
ら，55°

(3) ウの角は
$180°-55°=125°$

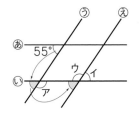

考え方・とき方

❶ (1) 四角形アイウエの向かい合った2組の辺
が平行だから，平行四辺形。

(2) 四角形エウカオは，1組の向かい合った辺
が平行だから，台形。└辺エオと辺ウカ

(3) 平行四辺形の向かい合った辺の長さは等
しいから，辺アエ＝辺イウ＝4cm

(4) 平行四辺形の向かい合った角の大きさは
等しいから，30°

(5) 角シ＝$180°-30°=150°$

❷ 方がんの線を利用して，辺のかたむきぐあ
いを調べる。

台形…向かい合う1組の辺が平行な四角形は
あとか

平行四辺形…向かい合う辺が2組とも平行な
四角形はえとお

❸ (1) 台形は，向かい合った1組の辺が平行な
四角形。

(2) 平行四辺形の向かい合った辺の長さは等
しい。

(3) 平行四辺形の向かい合った角の大きさは
等しい。

かくにんテスト②の答え　**31**ページ

❶ ア…120　　イ…2.5　　ウ…5
　　 エ…60　　　オ…90
❷ (1) 辺(辺の長さ)
　　 (2) 角(角の大きさ)
❸ (1) 平行四辺形　　(2) 長方形
　　 (3) ひし形　　　　(4) 正方形

考え方・とき方

❶ ア…向かい合う辺は平行だから，120°の角
　　 と同じ大きさ
　　 イ…対角線は真ん中の点で交わっているから，
　　 2.5cm
　　 ウ…向かい合う辺の長さは等しいから，5cm
　　 エ…180°−120°=60°
　　 オ…対角線は直角に交わっているから，90°
❷ (1) 長方形の4つの辺は直角に交わっている
　　 が，4つの辺の長さは等しいとはいえない。
　　 4つの辺の長さを等しくすると正方形にな
　　 る。
　　 (2) ひし形の4つの辺の長さは等しいが，4つ
　　 の角は等しいとはいえない。4つの角を等
　　 しくすると，正方形になる。
❸ 四角形の対角線の特ちょうから考える。

知っておこう

	台形	平行四辺形	ひし形	長方形	正方形
平行な辺の組の数	1	2	2	2	2
4つの角		2組が等しい	2組が等しい	90°	90°
辺の長さ		2組が等しい	すべて等しい	2組が等しい	すべて等しい
対角線 長さが等しい	×	×	×	○	○
対角線 真ん中の点で交わる	×	○	○	○	○
対角線 直角に交わる	×	×	○	×	○

チャレンジテストの答え　**32**ページ

❶ (1) ひし形　(2) 平行四辺形
❷ (1) 長方形，正方形
　　 (2) 平行四辺形，ひし形，長方形，正方形
　　 (3) ひし形，正方形
　　 (4) 平行四辺形，ひし形，長方形，正方形
❸ (1) 120°　　(2) 5cm
❹ イ，カ，キ

考え方・とき方

❶ (1) 正方形の対角線の長さは等しく，それぞ
　　 れの真ん中の点で，直角に交わっている。
　　 四角形カイキエの対角線の長さは等しくな
　　 いが，それぞれの真ん中の点で直角に交わ
　　 っているので，ひし形。
　　 (2) 向かい合う辺が2組とも平行だが，直角に
　　 交わっていない。
　　 となり合った辺の長さは等しくない。
　　 だから，平行四辺形。
❷ (1) 2本の対角線の長さがいつも等しい四角
　　 形…長方形，正方形
　　 (2) 2組の向かい合う辺が平行な四角形
　　 …平行四辺形，ひし形，長方形，正方形
　　 (3) 対角線が直角に交わる四角形
　　 …ひし形，正方形
　　 (4) 2組の向かい合う辺の長さが等しい四角形
　　 …平行四辺形，ひし形，長方形，正方形
❸ (1) 三角形カイキも正三角形だから
　　 ㋐は，180°−60°=120°
　　 (2) キウの長さが5cmだから，辺イキは5cm
　　 である。
　　 三角形カイキは正三角形だから，辺カキの
　　 長さも5cmである。

❹ 次の図のようにならべると、二等辺三角形、正三角形、平行四辺形、長方形ができる。

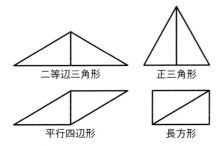

二等辺三角形　　　　正三角形

平行四辺形　　　　　長方形

5 折れ線グラフ

かくにんテスト①の答え　36ページ

❶ (1) ○　　(2) △　　(3) ○
　 (4) △　　(5) ○　　(6) △
❷ (1) 2 度　　(2) 8 月，28 度
　 (3) 11 月から 12 月の間

考え方・とき方

❶ ぼうグラフは、量の大きさをくらべるのに便利である。

(1)、(3)、(5)は、ぼうグラフ。
折れ線グラフは、同じものの時間による変わり方のようすを見るのに便利である。

(2)、(4)、(6)は、折れ線グラフ。

❷ (1) 10 度を 5 等分しているから、1 めもりは、
　　10÷5＝2（度）

(2) 気温がいちばん高い点の、
　　横のじくのめもりを読む→8 月
　　たてのじくのめもりを読む→28 度

(3) 気温が下がっているのは、1 月〜2 月と、8 月〜12 月の間。この間で、線のかたむきがいちばん急なところをさがす。
11 月から 12 月の間が、いちばん下がり方が大きい。

かくにんテスト②の答え　37ページ

❶ (1) ア…8　　　イ…4
　 (2) ア…100　　　イ…200
　 (3) ア…60　　　イ…90
　 (4) ア…36　　　イ…32
❷ (1) ⓘ　　(2) ⓚ
❸ (1)

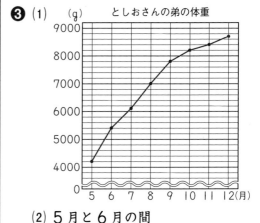

(2) 5 月と 6 月の間

考え方・とき方

❶ 1 めもりの大きさを調べてから、めもりを読む。

(1) たての 1 めもりは、10 を 5 等分しているから、
　　10÷5＝2
　　アは 2×4＝8、イは 2×2＝4

(2) たての 1 めもりは、
　　250÷5＝50　だから、
　　アは 50×2＝100、イは 50×4＝200

(3) たての 1 めもりは、
　　100−50＝50　50÷5＝10　だから、
　　アは 50＋10×1＝60、
　　イは 50＋10×4＝90

(4) たての 1 めもりは、
　　40−30＝10　10÷5＝2　だから、
　　アは 30＋2×3＝36、
　　イは 30＋2×1＝32

❷ 1めもりの大きさがちがうから，かたむきだけではんだんしないこと。
横のじくの10を，たとえば10分間と考えると，その間の変わり方は，

あ…15ふえた
い…20ふえた　}　いがいちばんふえ方が
う… 8ふえた　　大きい…(1)

え…15へった
お…20へった　}　かがいちばんへり方が
か…12へった　　小さい…(2)

❸ グラフの1めもりは，200g である。
(1) それぞれの月の弟の体重を表すところに点をうって，順に直線でつなぐ。
(2) グラフの線のかたむきがいちばん急なところは，5月と6月の間。

(3) 気温は10度，いど水は14度だから，気温の方が，14−10=4(度)低い。
(4) 2つのグラフの間がいちばん開いているのは8月で，差は34−22=12(度)
❷ (1) たてのじくは気温だから，単位は度，横のじくは時こくだから，単位は時。
(2) 1めもりの大きさは2度だから，ウは20度，エは30度の目もりになる。

6 小数のしくみ

❶ (1) 70，7　　(2) 0.001
(3) 0.1，7
❷ (1) 1.402km　　(2) 1402m
❸ (1) 0.4　　(2) 0.324
(3) 0.045　　(4) 17
(5) 0.804　　(6) 0.34

考え方・とき方

❶ 1km＝1000m，1kg＝1000g
(1)

km			m
0.	0	7	

↓

7 0m

0.07km は 0.01km の 7 こ分の長さ。

(2)

kg			g
0.	0	0	5

↓

0. 0 0 1 の 5 こ分。

(3)

1	0.1	0.01
0.	3	7

↓

0.37 は { 0.1 を 3 こ
{ 0.01 を 7 こ　あわせた数。

❶ (1) 2月，6度
(2) 6月から7月の間
(3) 気温のほうが4度低い
(4) 8月，12度
❷ (1) ア…度　　イ…時
(2) ウ…20　　エ…30
(3)

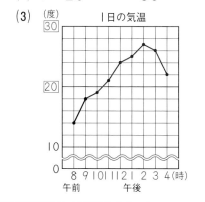

考え方・とき方

❶ (1) グラフのたての1めもりは2度だから，2月の気温は6度である。
(2) 5月から6月の間は6度，6月から7月の間は8度上がっている。

❷

1. 4 0 2

km		m		
1	4	0	2

1 4 0 2m

❸ 小数を 10 倍すれば位が左へ 1 つ，100 倍すれば位が左へ 2 つずれる。

小数を $\frac{1}{10}$ にすれば位が右へ 1 つ，$\frac{1}{100}$ にすれば位が右へ 2 つずれる。

(1) 0.04 ⌐
    0.4 ⌐ 10 倍

(2) $\frac{1}{10}$ ⌐ 3.24
    → 0.324

(3) $\frac{1}{100}$ ⌐ 4.5
    → 0.045

(4) 0.17 ⌐
    17.00 ⌐ 100 倍

(5) 0.1 を 8 こ → 0.8
    0.001 を 4 こ → 0.004 ⌐ たす
    ────────
    0.804

(6) 0.001 を 340 こ
    340
    ↓
    0.34

かくにんテストの答え　**44** ページ

❶ 1km

❷ 0.6cm

❸ 3.72L

❹ 1.96kg

❺ (1) 21.04m　　(2) 12.74m

考え方・とき方

❶ かずやさんの家

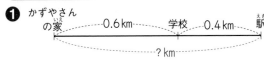
0.6 km　学校　0.4 km　駅
? km

式は，0.6+0.4
0.6…0.1 が 6 こ ⌐
0.4…0.1 が 4 こ ⌐ あわせると，
0.1 が 10 こ → 1(km)

❷

1.4cm
0.8cm　ちがい ? cm

式は，1.4−0.8
1.4…0.1 が 14 こ ⌐
0.8…0.1 が 8 こ ⌐ ひくと，
0.1 が 6 こ → 0.6(cm)

❸

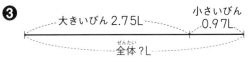
大きいびん2.75L　小さいびん 0.97L
全体?L

式は　2.75+0.97
整数のたし算と同じように，筆算で，右の位から計算する。
くり上がりに注意すること。

2.75+0.97=3.72(L)

```
  2.75
+ 0.97
──────
  3.72
```

❹

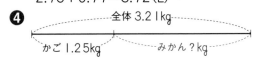
全体 3.21kg
かご1.25kg　みかん?kg

式は，3.21−1.25
整数のひき算と同じように，筆算で，右の位から計算する。

3.21−1.25=1.96(kg)

```
  3.21
− 1.25
──────
  1.96
```

❺

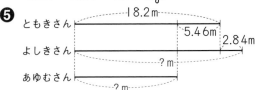
ともきさん　18.2m　5.46m　2.84m
よしきさん　? m
あゆむさん　? m

(1) 18.2+2.84=21.04(m)

```
  18.2
+ 2.84
──────
 21.04
```

(2) 18.2−5.46=12.74(m)

```
  18.2
−  5.46
──────
 12.74
```

チャレンジテスト①の答え　**45** ページ

❶ (1) 3.74　　(2) 2.6

❷ (1) 1(m) 48(cm)，95(cm)
　　(2) 2.43m

❸ 76.32kg

❹ 0.45kg

❺ 1.317m

考え方・とき方

1 (1) 1 が 3 こで　　　3
　　0.1 が 7 こで　　0.7
　　0.01 が 4 こで　0.04
　　あわせると，　　3.74

(2) 0.01 が 10 こで 0.1 だから，0.01 が 100 こで 1
　　0.01 が 200 こで　2
　　0.01 が 60 こで　0.6
　　あわせると，　　2.6

2 (1) 1.48m → 1m と 0.48m → 1m48cm
　　0.95m → 95cm

(2) 1.48+0.95=2.43(m)

$$\begin{array}{r} 1.48 \\ +\ 0.95 \\ \hline 2.43 \end{array}$$

3
なおきさん 34.56kg
お父さん 41.76kg
? kg

34.56+41.76=76.32(kg)

$$\begin{array}{r} 34.56 \\ +\ 41.76 \\ \hline 76.32 \end{array}$$

4 950g=0.95kg

全体の重さ1.4kg
入れ物？kg　　小麦こ0.95kg

1.4−0.95=0.45(kg)

5 1m=100cm だから，130cm=1.3m
17mm=0.017m
1.3+0.017=1.317(m)

$$\begin{array}{r} 1.3 \\ +\ 0.017 \\ \hline 1.317 \end{array}$$

チャレンジテスト②の答え　46 ページ

1 (1) 3　(2) 0.0834
　　(3) 26834 こ　(4) 2.8034
2 (1) 1.65km　(2) 家から図書館までの
　　ほうが 0.75km 遠い
3 0.54kg
4 (1) 35.71kg　(2) 4.06kg
　　(3) 113.69kg

考え方・とき方

1 (1)

2. 6 8 3 4
↑ $\frac{1}{10}$ の位　↑ $\frac{1}{100}$ の位　↑ $\frac{1}{1000}$ の位　↑ $\frac{1}{10000}$ の位

(2) 2.6 8 3 4
　　0.0 8 3 4

(3) 2.6 8 3 4
　　0.0 0 0 1　位をそろえる
　　2.6834 は 0.0001 を 26834 こ集めた数。

(4)
$$\begin{array}{r} 2.6834 \\ +\ 0.12 \\ \hline 2.8034 \end{array}$$

2 450m=0.45km

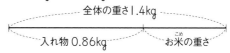
ようこさんの家　　　　図書館　学校
1.2 km　　0.45 km

0.45+1.2=1.65(km)

(2) 1.2−0.45=0.75(km)

3 860g=0.86kg

全体の重さ1.4kg
入れ物0.86kg　　お米の重さ

1.4−0.86=0.54(kg)

4 たくやさんの体重をもとにして，図をかきます。

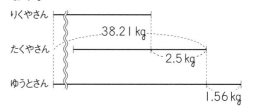
りくやさん
たくやさん　38.21 kg　2.5 kg
ゆうとさん　1.56 kg

(1) 38.21−2.5=35.71(kg)
(2) 2.5+1.56=4.06(kg)
(3) ゆうとさんの体重は
　　38.21+1.56=39.77(kg)
　3 人の体重の合計は
　　38.21+35.71+39.77
　=113.69(kg)

$$\begin{array}{r} 38.21 \\ 35.71 \\ +\ 39.77 \\ \hline 113.69 \end{array}$$

7 わり算の筆算(2)

かくにんテスト① の答え　50ページ

❶ 3 まい
❷ 6 つできて，7 つぶ残る
❸ 7 こ買えて，おつりは 54 円
❹ 23 グループできて，4 人あまる
❺ 41 日間と 16 時間

考え方・とき方

❶ 全部の数÷人数＝1 人分
　より，
　　81÷27＝3（まい）

$$27\overline{)81}$$
$$\underline{81}$$
$$0$$

❷ 97÷15＝6 あまり 7
　6 つできて，7 つぶ残る。

$$15\overline{)97}$$
$$\underline{90}$$
$$7$$

❸ 600÷78＝7 あまり 54
　7 こ買えて，54 円あまる。
　　　　　　　↑おつり

$$78\overline{)600}$$
$$\underline{546}$$
$$54$$

❹ 全体の人数は，
　　125＋118＋129＝372（人）
　だから，
　　372÷16＝23 あまり 4
　23 グループできて，4 人あまる。

$$16\overline{)372}$$
$$\underline{32}$$
$$52$$
$$\underline{48}$$
$$4$$

❺ 1 日は 24 時間だから，
　1000 時間を 24 時間でわると，
　　1000÷24＝41 あまり 16
　　　　　　　↑日数

$$24\overline{)1000}$$
$$\underline{96}$$
$$40$$
$$\underline{24}$$
$$16$$

かくにんテスト② の答え　51ページ

❶ 10 台
❷ 45 束
❸ (1) 33 日　　(2) 13 ページ
❹ 18 こ
❺ 75m

考え方・とき方

❶ 220÷24＝9 あまり 4
　　↑トラックの数
　9 台のトラックで運ぶと，あと
　4 こ残る。この 4 こを運ぶのに
　あと 1 台必要だから，
　　9＋1＝10（台）

$$24\overline{)220}$$
$$\underline{216}$$
$$4$$

❷ 640÷14＝45 あまり 10
　　↑花束の数
　あまりの 10 本は，花束にして
　売れない。

$$14\overline{)640}$$
$$\underline{56}$$
$$80$$
$$\underline{70}$$
$$10$$

❸ (1) 493÷15＝32 あまり 13
　　32 日かかって，13 ページ残る。
　　この 13 ページを読むのに，あと
　　1 日必要だから，
　　　32＋1＝33（日）

$$15\overline{)493}$$
$$\underline{45}$$
$$43$$
$$\underline{30}$$
$$13$$

　(2) 33 日めは，残りの 13 ページ
　　だけ読めばよい。

❹ 520÷30＝17 あまり 10
　残った 10 さつを送るために
　は，もう 1 つ小づつみをつく
　る必要がある。
　　17＋1＝18（こ）

$$30\overline{)520}$$
$$\underline{3}$$
$$22$$
$$\underline{21}$$
$$10$$

このあまりは，
1 でなく 10

❺ よしきさんが歩いた道のり
　は，3km＝3000m
　歩いた時間は，
　　8 時－7 時 20 分＝40 分
　1 分間に歩いた道のりは，
　　3000÷40＝75（m）

$$40\overline{)3000}$$
$$\underline{28}$$
$$20$$
$$\underline{20}$$
$$0$$

チャレンジテストの答え　52ページ

❶ 2 本
❷ 4 こ作れて，20cm あまる
❸ 13 回
❹ 50 円
❺ (1) 781
　(2) 商は 32，あまりは 13

考え方・とき方

1 持っていったお金は，
　50×18＝900（円）
この金がくで，
1本45円のえん筆は，
900÷45＝20（本）買える。
予定していた本数は18本だから，
20－18＝2（本）多く買える。

（0をわすれずにつける）
```
      20
45) 900
    90
     0
```
十の位でわり切れた

2 3m70cm＝370cm
　1m60cm＝160cm
だから，使ったリボンの長さは，
　370－160＝210（cm）
この長さで6このかざりを作ったのだから，1こに使う長さは，
　210÷6＝35（cm）
残ったリボンで作れるかざりの数は，
　160÷35＝4 あまり 20
```
      4
35) 160
   140
    20
```
より，4こ作れて，20cmあまる。

3 4台のエレベーターが1回おうふくしておろすことができる人の数は，
　16×4＝64（人）
だから，
　832÷64＝13（回）
```
     13
64) 832
    64
   192
   192
     0
```

4 実さいに買った1さつのねだんは，
　24000÷32＝750（円）
1さつにつき，安くしてくれた金がくは，
　800－750＝50（円）
```
      750
32) 24000
    224
    160
    160
      0
```

5 (1) ある数 ÷42＝18 あまり 25
たしかめの式にあてはめると，
　42×18＋25＝781
　　　　　　↑ある数
(2) 781÷24＝32 あまり 13
```
      32
24) 781
    72
    61
    48
    13
```

8 整理のしかた

かくにんテストの答え　55ページ

1 (1) 下の表

けが調べ（10月）　　　　（人）

種類＼場所	運動場		教室		体育館		合計
すりきず	正	5	丁	2	一	1	8
切りきず	丁	2	下	3	一	1	6
ねんざ	一	1		0	下	3	4
打ぼく	丁	2		0	一	1	3
合計	10		5		6		21

(2) すりきず　　(3) 教室

2 (1) 11人　　(2) 4人　　(3) 2人
(4) ねこをかっていない人
(5) 17人

考え方・とき方

1 (1) 落ちや重なりがないように，正の字をかいて，表にまとめる。
(2) いちばん多いけがはすりきずで，8人。
(3) 切りきずがいちばん多く起きた場所は教室で，3人。

2 それぞれが，表のどこにあたるかを考える。

ペット調べ　　　　（人）

		ねこ		合計
		かっている	かっていない	
犬	かっている	5	6	ⓘ11
	かっていない	ⓤ4	ⓔ2	6
合計		9	ⓐ8	ⓞ17

(1) 犬をかっている人は，上の表のⓘのところで，11人。
(2) ねこだけをかっている人は，ⓤの4人。
(3) 犬もねこもかっていない人は，ⓔの2人。
(4) ⓐは，ねこをかっていない人の人数である。
(5) 全体の人数は，ⓞの17人。

チャレンジテストの答え　56ページ

❶ (1) あ…13　　い…4　　う…24
(2) じょうぎ
(3) 教室

❷ (1) 14人　　(2) 21人
(3) 34人

❸ (1) 下の表

わすれ物調べ　　（人）

		ハンカチ		合計
		持っている	わすれた	
ティッシュ	持っている	20	4	24
	わすれた	6	3	9
	合計	26	7	33

(2) 20人

考え方・とき方

❶ (1) あは, 教室のところの合計だから,
8＋3＋2＝13(こ)
いは, 音楽室でのえんぴつの落とし物の数
だから, えんぴつの合計から他の場所での
数をひく。
14－8－2＝4(本)
うは, 全部の合計だから,
14＋4＋6＝24(こ)　←たての合計
または, 13＋5＋6＝24(こ)　←横の合計
(2) 理科室のところをたてに見る。
(3) 教室, 理科室, 音楽室のそれぞれの合計を
くらべる。

❷ (1) 両方の「好き」が交わっているところを
見る。
(2) 野球の「好き」のところの合計だから,
14＋7＝21(人)
(3) 全部の合計だから,
14＋7＋5＋8＝34(人)

❸ (1) わかっている数を表にかきこみ, 残りは
順に計算で求める。

わすれ物調べ　　（人）

		ハンカチ		合計
		持っている	わすれた	
ティッシュ	持っている	お20	う4	え24
	わすれた	あ6	3	9
	合計	い26	7	33

あ…9－3＝6
い…33－7＝26
う…7－3＝4
え…33－9＝24
お…26－6＝20(または, 24－4＝20)

(2) おの 20人。

9 計算のきまり

かくにんテストの答え　59ページ

❶ (1) 1000－(120＋70×6),
460円
(2) 60÷(9＋6), 4dL
(3) 17×4＋13×4, 120人

❷ 75cm

❸ 6羽

考え方・とき方

❶ (1) 1ダースは12本だから, 半ダースは,
12÷2＝6(本)
1000－(120＋70×6)
　　　　　　└先に計算する
＝1000－(120＋420)
＝1000－540
＝460(円)
　　└おつり
(2) 60÷(9＋6)＝60÷15＝4(dL)
　　　　└先に計算する　　└1人分のかさ
(3) 17×4＋13×4＝68＋52＝120(人)
　　└先に計算する┘　　　　└全部の人数

別の考え方 (1) 1000−120−70×6
$$=1000-120-420$$
$$=460(円)$$
としてもよい。
(3) 列の数は同じだから，1列にならんでいる
男子と女子の数を（ ）でまとめて，
$$(17+13)×4=30×4=120(人)$$
としてもよい。

❷ 3m＝300cm だから，
$$300−\underline{25×9}$$
└─先に計算する
$$=300-225$$
$$=75(cm)$$
└─残ったリボンの長さ

❸ 390÷(32＋33)＝390÷65＝6(羽)
└─先に計算する

注意 上の式を2つに分けて，
$$32+33=65(人) \quad 390÷65=6(羽)$$
としてもよい。

かくにんテスト①の答え　62ページ

❶ (1) 6　　　　　(2) 54
　(3) 9, 7　　　(4) 14, 2
❷ (1) 4700, ㋑　(2) 360, ㋒
　(3) 16.5, ㋐　(4) 900, ㋓
❸ (1) 7　　　　　(2) 3
❹ 3×12−2×12＝12
　または (3−2)×12＝12, 12L

考え方・とき方
❶ 計算のきまりを利用する。
(1) かけ算は順番を変えて計算できる。
(2) たし算だけの式は順番を変えて計算できる。
(3) かけ算では，分けてかけることができる。
(4) わり算では，わられる数とわる数を同じ数でわっても，商は変わらない。
❷ (1) 47×25×4＝47×(25×4)
$$=47×100 \quad ㋑$$
$$=4700$$

(2) 32×6＋28×6＝(32＋28)×6
$$=60×6 \quad ㋒$$
$$=360$$
(3) 計算のきまりは，小数の計算でも成り立つ。
6.5＋8.4＋1.6＝6.5＋(8.4＋1.6)
$$=6.5+10 \quad ㋐$$
$$=16.5$$
(4) 120×9−20×9＝(120−20)×9
$$=100×9 \quad ㋓$$
$$=900$$
❸ (1) (1辺にならべた数−1)×3 としている。
(2) 1辺にならべた数×3−重なりの数 としている。
❹ 3×12−2×12
$$=(3-2)×12 ←計算のくふう$$
$$=1×12$$
$$=12(L)$$

かくにんテスト②の答え　63ページ

❶ (1) 900　　　　(2) 4653
❷ (1) 5, 3　　　(2) 3, 3
❸ (1) 76＋□＝92, 16台
　(2) □−470＝150, 620円
　(3) 85×□＝680, 8こ
　(4) □÷8＝16, 128まい
❹ 60×7＋30×7＋20＝650
　または(60＋30)×7＋20＝650,
650cm

考え方・とき方
❶ (1) 25×4＝100, 36＝4×9 だから，
25×36＝25×4×9
$$=(25×4)×9$$
$$=100×9$$
$$=900$$
(2) 99＝100−1 だから，
99×47＝(100−1)×47
$$=100×47-1×47$$
$$=4700-47$$
$$=4653$$

❷ (1) たてに 7 こ の列と 4 こ の列に分けて考え<ruby>列<rt>れつ</rt></ruby><ruby>分<rt>わ</rt></ruby><ruby>考<rt>かんが</rt></ruby>
ている。7 こ の列が 5 列と 4 こ の列が 3 列
だから，7×5+4×3

(2) <ruby>真<rt>ま</rt></ruby>ん中のおはじきがない<ruby>部分<rt>ぶぶん</rt></ruby>もおはじき
があるものとして<ruby>数<rt>かぞ</rt></ruby>えて，あとから真ん中
の数をひいている。<ruby>全部<rt>ぜんぶ</rt></ruby>あるものとすると，
たてに 7 こ の 8 列分で，真ん中の部分はた
てに 3 こ の 3 列分だから，7×8−3×3

❸ (1) | はじめの
<ruby>台数<rt>だいすう</rt></ruby> | ＋ | あとから
<ruby>来<rt>き</rt></ruby>た台数 | ＝ | <ruby>全部<rt>ぜんぶ</rt></ruby>の
台数 | にあてはめ

ると，76+□=92
□=92−76=16

(2) | はじめ<ruby>持<rt>も</rt></ruby>って
いたお金 | － | <ruby>使<rt>つか</rt></ruby>った
お金 | ＝ | <ruby>残<rt>のこ</rt></ruby>りの
お金 | にあてはめ

ると，□−470=150
□=150+470=620

(3) | 1 このねだん | × | <ruby>買<rt>か</rt></ruby>った数 | ＝ | <ruby>代金<rt>だいきん</rt></ruby> | にあてはめ

ると，85×□=680
□=680÷85=8

(4) | 全部のまい数 | ÷ | <ruby>等分<rt>とうぶん</rt></ruby>した数 | ＝ | 1 人分のまい数 |

にあてはめると，□÷8=16
□=16×8=128

❹ <ruby>使<rt>つか</rt></ruby>った<ruby>長<rt>なが</rt></ruby>さ＋あまった長さ＝はじめの長さ
60×7+30×7+20
=(60+30)×7+20 ←──計算のくふう
=630+20
=650(cm)

チャレンジテストの答え　**64** ページ

❶ 10 本
❷ 15 <ruby>箱<rt>はこ</rt></ruby>
❸ (1) 185 こ　　　(2) 26 人
❹ (1) 97×8=(100−3)×8
　　=100×8−3×8=800−24
　　=776　　776 円
　(2) 35×6+115×6
　　=(35+115)×6=150×6
　　=900　　900 円

考え方・とき方

❶ 2m=200cm
残ったはり<ruby>金<rt>きん</rt></ruby>の長さは，
$$200-(15+10)×6=200-25×6$$
$$=200-150$$
$$=50(cm)$$
だから，5cm のはり金の本数は，
50÷5=10(本)

注意 <ruby>切<rt>き</rt></ruby>り取ったはり金の長さを<ruby>先<rt>さき</rt></ruby>に<ruby>求<rt>もと</rt></ruby>めて
もよい。
(15+10)×6=150
(200−150)÷5=50÷5=10(本)

❷ 180÷(3×4)=180÷12=15(箱)
1 箱のケーキの数

❸ (1) 子どもの数は，20+15=35(人)だから，
4×20+3×35
=80+105
=185(こ)
注意 1 つの<ruby>式<rt>しき</rt></ruby>にまとめてもよい。
4×20+3×(20+15)

(2) 大人 16 人分のおにぎりの数は，
4×16=64(こ)
だから，
(142−64)÷3=78÷3=26(人)
子ども<ruby>全員<rt>ぜんいん</rt></ruby>の分のおにぎりの数
注意 1 つの式にまとめてもよい。
(142−4×16)÷3

❹ (1) 97 を 100−3 と考えて，計算のきまりを
使う。
97×8
=(100−3)×8
=100×8−3×8 ←(□−○)×△=□×△−○×△
=800−24
=776(円)

(2) <ruby>半<rt>はん</rt></ruby>ダースは 6 本。
35×6+115×6
=(35+115)×6 ←□×△+○×△=(□+○)×△
=150×6
=900(円)

10 面積のはかり方と表し方

かくにんテスト①の答え　68ページ

❶ あ…15cm²　　　い…20cm²
❷ (1) 300cm²　　(2) 169cm²
　 (3) 20cm²
❸ (1) 256cm²　　(2) 252cm²
　 (3) あのほうが4cm²広い
❹ (1) 82cm²　　(2) 80cm²

考え方・とき方

❶ 1つの方がんが1cm²なので，方がんの数を数えればよい。そのまま数えられないので，面積を変えずに形を変えて，数える。

あ　右の図のように形を変えると，方がんの数は，たて3こ，横5こになるから，
　3×5＝15(こ)
1cm²の正方形が15こ分だから，面積は15cm²になる。

い　右の図のように形をかえると，方がんの数は，たて4こ，横5こになるから，
　4×5＝20(こ)
面積は20cm²になる。

❷ (1) 長方形の面積＝たて×横　より，
　12×25＝300(cm²)
　(2) 正方形の面積＝1辺×1辺　より，
　13×13＝169(cm²)
　(3) 50mm＝5cmだから，4×5＝20(cm²)

❸ (1) 1辺が16cmの正方形だから，
　16×16＝256(cm²)
　(2) 横の長さは，34－16＝18(cm)だから，
　14×18＝252(cm²)
　(3) あのほうが，256－252＝4(cm²)
　だけ広い。

❹ (1) 大きい長方形の面積から小さい長方形の面積をひく。
　8×14－6×5
　＝112－30
　＝82(cm²)

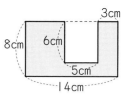

　(2) 2つの長方形に分けて求める。
　4×5＋5×12
　＝20＋60
　＝80(cm²)

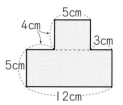

かくにんテスト②の答え　69ページ

❶ (1) 15cm　　　(2) 400cm²
　 (3) 204cm²　　(4) 140cm²
❷ (1) 67cm²　　(2) 126cm²
❸ (1) 295cm²　　(2) 197cm²

考え方・とき方

❶ (1) 横の長さを□cmとすると，
　8×□＝120　だから，
　横の長さは，120÷8＝15(cm)
　(2) 正方形のまわりの長さ＝1辺の長さ×4
　だから，1辺の長さは，80÷4＝20(cm)
　この正方形の面積は，20×20＝400(cm²)
　(3) 横の長さは，17－5＝12(cm)だから，この長方形の面積は，17×12＝204(cm²)
　(4) 長方形のまわりの長さ＝(たて＋横)×2
　だから，たて＋横は，48÷2＝24(cm)
　たてが10cmだから，横は，
　24－10＝14(cm)
　この長方形の面積は，10×14＝140(cm²)

❷ (1) 切り取った長方形の面積は，
　9×6＝54(cm²)
　残りの面積は，
　121－54＝67(cm²)
　(2) できた大きな長方形の紙の横の長さは，
　8＋8－2＝14(cm)
　面積は，
　9×14＝126(cm²)

❸ (1) もとの画用紙の面積は，

20×16＝320（cm²）

正方形のあなの面積は，

5×5＝25（cm²）

あながあいた画用紙の

面積は，

320－25＝295（cm²）

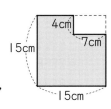

(2) もとの正方形の紙の１

辺の長さは，

60÷4＝15（cm）

だから，この紙の面積は，

15×15＝225（cm²）

切り取った長方形の面積は，

4×7＝28（cm²）

残った面積は，225－28＝197（cm²）

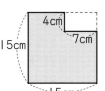

(3) 右がわの土地の部

分を左がわによせる

と，右下の図のよう

な長方形になる。こ

の長方形の横の長さ

は，

50－10＝40（m）

だから，面積は，

30×40＝1200（m²）

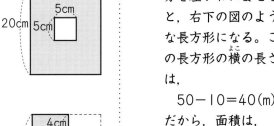

❸ (1) あき地の面積は，40×50＝2000（m²）

1a＝100m² だから，2000m²＝20a

(2) 町の面積は，5×5＝25（km²）

1km²＝100ha だから，25km²＝2500ha

❹ 土地を１か所によせる

と，右の図のような長方

形になる。

たての長さは，

20－3＝17（m）

横の長さは，23－3＝20（m）

だから，面積は，17×20＝340（m²）

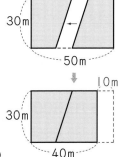

かくにんテストの答え　71ページ

❶ (1) 108m²　(2) 289m²

　(3) 90km²

❷ (1) 525m²　(2) 52m²

　(3) 1200m²

❸ (1) 20　(2) 2500

❹ 340m²

考え方・とき方

❶ 大きな長方形や正方形でも，公式にあては
めて面積を求めることができる。
答えの単位に気をつける。

(1) 12×9＝108（m²）

(2) 17×17＝289（m²）

(3) 6×15＝90（km²）

❷ (1) 長方形の面積から正方形の面積をひく。

25×30－15×15＝750－225

＝525（m²）

(2) 右の図のように，

２つの長方形に分

けて求める。

4×8＋5×4

＝32＋20

＝52（m²）

チャレンジテストの答え　72ページ

❶ (1) 540cm²　(2) 18cm

❷ (1) 27　(2) 18

❸ (1) 240m²　(2) 352m²

❹ 36cm²

❺ 69m²

考え方・とき方

❶ (1) 45×12＝540（cm²）

(2) たての長さを□cmとすると，

□×30＝540

だから，たての長さは，

540÷30＝18（cm）

❷ (1) 正方形の土地の面積は，

18×18＝324（m²）

長方形の土地の面積も324m²だから，横の

長さを□mとすると，12×□＝324

横の長さは，324÷12＝27（m）

(2) 土地の面積は，90×20＝1800（m²）

1a＝100m² だから，1800m²＝18a

3 (1) 土地の部分を 1 か
所によせると，右の図
のようになる。
たての長さは，

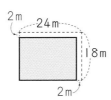

16－2×2＝12（m）

横の長さは，22－2＝20（m）

道をのぞいた部分の面積は，

12×20＝240（m²）

(2) 土地の部分を左下に
よせると，右の図の
ようになる。たての
長さは，

18－2＝16（m）

横の長さは，24－2＝22（m）

道をのぞいた部分の面積は，

16×22＝352（m²）

4 100＝10×10 だから，大きい正方形の 1
辺の長さは，10cm

また，16＝4×4 だから，つくった正方形の
1 辺の長さは，4cm ←差

小さい正方形の 1 辺の長さを□cm とすると，

10－□＝4

だから，1 辺の長さは，

10－4＝6（cm）

小さい正方形の面積は，

6×6＝36（cm²）

5 長方形の土地の横の長さを□m とすると，

3×□＝42

横の長さは，

42÷3＝14（m）

たての長さは，

84÷14＝6（m）

ふやした長方形の

たての長さは，6＋3＝9（m）

横の長さは，14＋3＝17（m）

面積は，9×17＝153（m²）

ふえる面積は，153－84＝69（m²）

11 分　数

❶ (1) $\frac{1}{7}$　(2) 9　(3) $\frac{3}{8}$　(4) $\frac{1}{15}$

❷ (1) $\frac{1}{12}$，$\frac{2}{12}$，$\frac{3}{12}$

(2) $\frac{14}{8}$，$\frac{15}{8}$

(3) $2\frac{8}{9}$，$3\frac{1}{9}$，$3\frac{2}{9}$

❸ (1) $1\frac{3}{5}$　(2) $5\frac{1}{3}$　(3) 3

(4) $\frac{11}{7}$　(5) $\frac{17}{12}$　(6) $\frac{15}{4}$

❹ (1) $\frac{8}{3}$　(2) $3\frac{7}{9}$

考え方・とき方

❶ (1) $\frac{8}{7}$ は，$\frac{1}{7}$ を 8 こ集めた数。

(2) $1\frac{4}{5}$ は $\frac{9}{5}$ だから，$\frac{1}{5}$ を 9 こ集めた数。

(3) $\frac{11}{8}$ は，$1\frac{3}{8}$ だから，1 と $\frac{3}{8}$ をあわせた

数。

(4) $\frac{1}{15}$ を 15 こ集めると 1 になる。

❷ 次の図で考えるとよい。

(1)
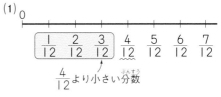

(2)
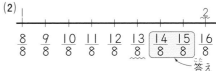

(3)
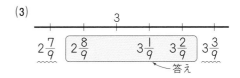

❸ (1)～(3) 分子を分母でわった商が，帯分数の整数部分になり，あまりが分子になる。

$$\frac{8}{5} \rightarrow 8÷5=1 \text{ あまり } 3 \quad \text{だから，} 1\frac{3}{5}$$

$$\frac{16}{3} \rightarrow 16÷3=5 \text{ あまり } 1 \quad \text{だから，} 5\frac{1}{3}$$

$$\frac{24}{8} \rightarrow 24÷8=3 \quad \text{だから，} 3$$

(4)～(6) 分母と整数部分の積に分子をたしたものが，仮分数の分子になる。分母はそのまま。

$$1\frac{4}{7} \rightarrow 7×1+4=11 \quad \text{だから，} \frac{11}{7}$$

$$1\frac{5}{12} \rightarrow 12×1+5=17 \quad \text{だから，} \frac{17}{12}$$

$$3\frac{3}{4} \rightarrow 4×3+3=15 \quad \text{だから，} \frac{15}{4}$$

❹ 仮分数になおしてくらべる。

(1) $2\frac{1}{3}=\frac{7}{3}$ だから，$\frac{8}{3}$ のほうが大きい。

(2) $3\frac{7}{9}=\frac{34}{9}$ だから，$3\frac{7}{9}$ のほうが大きい。

かくにんテスト①の答え　**78**ページ

❶ $1\frac{1}{5}$ dL $\left(\frac{6}{5} \text{ dL}\right)$

❷ $1\frac{3}{8}$ km $\left(\frac{11}{8} \text{ km}\right)$

❸ $5\frac{3}{4}$ km

❹ $\frac{3}{5}$ L

❺ $\frac{1}{6}$ 時間

考え方・とき方

答えが仮分数になるとき，帯分数や整数になおすことが多い。

❶ $\frac{2}{5}+\frac{4}{5}=\frac{6}{5}=1\frac{1}{5}$(dL)

❷ $\frac{6}{8}+\frac{5}{8}=\frac{11}{8}=1\frac{3}{8}$(km)

❸ $3\frac{2}{4}+2\frac{1}{4}=5\frac{3}{4}$(km)

知っておこう　帯分数をふくむ計算は，次のようにすることができる。

$$3\frac{2}{4}+2\frac{1}{4}=5\frac{3}{4}$$
← 分数部分を計算
← 整数部分を計算

$$3\frac{2}{4}+2\frac{1}{4}=\frac{14}{4}+\frac{9}{4}$$ ← 帯分数を仮分数になおす

$$=\frac{23}{4}=5\frac{3}{4}$$

❹ $\frac{6}{5}-\frac{3}{5}=\frac{3}{5}$(L)

❺ 1を$\frac{6}{6}$と考えてひき算をする。

$$1-\frac{5}{6}=\frac{6}{6}-\frac{5}{6}=\frac{1}{6}(\text{時間})$$

かくにんテスト②の答え　**79**ページ

❶ $1\frac{1}{8}$ m

❷ $1\frac{6}{8}$ kg

❸ $2\frac{3}{5}$ km

❹ $2\frac{2}{6}$ kg

❺ $8\frac{3}{6}$ m

考え方・とき方

❶ $\frac{5}{8}$ m と $\frac{4}{8}$ m の和だから

$$\frac{5}{8}+\frac{4}{8}=\frac{9}{8}=1\frac{1}{8}(\text{m})$$
└ 帯分数になおしておく

❷ $2\frac{5}{8}-\frac{7}{8}=1\frac{13}{8}-\frac{7}{8}=1\frac{6}{8}(\text{kg})$
└ ひけないので，1かりてくる

❸ $1\frac{1}{5}+1\frac{2}{5}=2\frac{3}{5}$(km)

❹ $9\frac{1}{6}-6\frac{5}{6}=8\frac{7}{6}-6\frac{5}{6}=2\frac{2}{6}$(kg)

❺ はじめの長さを□mとすると

$$□-3\frac{4}{6}=4\frac{5}{6} \qquad □=4\frac{5}{6}+3\frac{4}{6}=8\frac{3}{6}$$

チャレンジテストの答え　80ページ

❶ (1) $3\frac{6}{8}$ L

(2) かんが $\frac{4}{8}$ L 多く入っている

❷ $4\frac{1}{5}$ m

❸ $9\frac{1}{4}$ kg

❹ $5\frac{2}{7}$ m

❺ $2\frac{5}{8}$ kg

考え方・とき方

❶ (1) $1\frac{5}{8}+2\frac{1}{8}=3\frac{6}{8}$ (L)

(2) $2\frac{1}{8}-1\frac{5}{8}=1\frac{9}{8}-1\frac{5}{8}=\frac{4}{8}$ (L)

❷ $10-\left(2\frac{1}{5}+3\frac{3}{5}\right)=10-5\frac{4}{5}$

$=9\frac{5}{5}-5\frac{4}{5}=4\frac{1}{5}$ (m)

❸ $\frac{3}{4}+\left(4\frac{1}{4}+4\frac{1}{4}\right)=\frac{3}{4}+8\frac{2}{4}$

$=8\frac{5}{4}=9\frac{1}{4}$ (kg)

❹ のりしろの分だけ，テープの長さは短くなる。

$3\frac{1}{7}+2\frac{3}{7}-\frac{2}{7}=5\frac{4}{7}-\frac{2}{7}=5\frac{2}{7}$ (m)

❺ $\frac{7}{8}+\frac{7}{8}+\frac{7}{8}=\frac{21}{8}=2\frac{5}{8}$ (kg)

12 変わり方調べ

かくにんテストの答え　83ページ

❶ (1) 下の表

さおり(こ)	14	13	12	11	10	9	8
妹 (こ)	0	1	2	3	4	5	6

(2) 6 こ

❷ (1) 下の表

えん筆(本)	1	2	3
代 金(円)	60	120	180

4	5	6	7	8
240	300	360	420	480

(2) $60×□=△$

(3) 660 円

❸ (1)

もえた時間(分)	1	2
もえた長さ(cm)	4	8

3	4	5
12	16	20

(2)

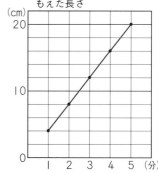

ろうそくがもえた時間と
もえた長さ

(3) 14cm

考え方・とき方

❶ (1) 妹のみかんの数は，14 からさおりさん
のみかんの数をひいた数になる。(2 人のみ
かんの数の和は，いつも 14 こ。)

(2) さおりさんのほうが妹より多くなるよう
に分けるから，表より，妹のみかんの数が
いちばん多いのは，さおりさんが 8 このと

きで, 妹は 6 こ。さおりさんが 7 こになる
と, 妹は,

  14−7＝7（こ）

で, 同じ数になってしまう。

❷ (1), (2) えん筆の本数が 1 本ふえると, 代金
は 60 円ずつふえている。→60 円にえん筆
の本数をかけたものが, 代金になる。

(3) 60×11＝660（円）

❸ (1) もえた時間の数の 4 倍が, いつももえた
長さの数になっている。→もえた時間を□
分, もえた長さを△ cm とすると,

  □×4＝△

と表せる。

(2) 点をとって, 直線でつなぐ。

(3) グラフの 3 分 30 秒のところを読みとると,
14cm。

チャレンジテストの答え　84ページ

❶ (1) 下の表

1辺の数（こ）	2	3	4	5
全部の数（こ）	4	8	12	16

(2) 44 こ　　　(3) 14 こ

❷ (1) 下の表

たて(cm)	1	2	3	4	5	6
横 (cm)	13	12	11	10	9	8
面積(cm²)	13	24	33	40	45	48

(2) □＋△＝14

(3) たて…7cm　　　横…7cm

❸ (1) 下の表

辺の数	1	2	3	4
白のご石（こ）	1	1	6	6
黒のご石（こ）	0	3	3	10
差　（こ）	白1	黒2	白3	黒4

(2) 黒のご石が 6 こ多い

考え方・とき方

❶ (1) 1辺のおはじきの数が 1 こふえるごとに,
全部のおはじきの数は 4 こずつふえる。

(2) 1辺の数が 5 このとき, 全部の数は 16 こ。
1辺の数が, 12−5＝7（こ）ふえたとき,
全部の数は, 4×7＝28（こ）ふえる。

  16＋28＝44（こ）

(3) 1辺の数が 5 このとき, 全部の数は 16 こ。
52 このおはじきをならべるから, 全部の数
は, 52−16＝36（こ）ふえている。

  このとき, 1辺の数は,

  4×（ふえた数）＝36

  より, 36÷4＝9（こ）ふえる。

  5＋9＝14（こ）

❷ (1) まわりの長さ＝（たて＋横）×2 だから,
（たて＋横）は, 28÷2＝14（cm）

面積は, （たて＋横）で求める。

(2) （たて＋横）が 14cm だから,
□＋△＝14（14−□＝△などでもよい。）

(3) 表のつづきをかくと,

たて(cm)	7	8	9
横 (cm)	7	6	5
面積(cm²)	49	48	45

となるから, たて 7cm, 横 7cm のとき, 面
積はいちばん大きい。

❸ (1) 図で, 白と黒それぞれのご石の数を数え
る。

(2) 表の差のところを見ると, 多いほうのご石
の色は, 白→黒→白→黒→…となっていて,
差の数は 1 ずつふえている。

  辺の数が 4 このとき, 差は, 黒4 だから,

  辺の数が 5 →白5

  辺の数が 6 →黒6

より, 黒のご石が 6 こ多い。

13 がい数の表し方

かくにんテスト①の答え　88ページ

❶ (1) 30000　(2) 750000
　　(3) 6200000
❷ (1) 4025, 4352, 3934, 3995
　　(2) 4025, 3995
❸ 25以上 34以下，　25以上 35未満
❹ (1) 5, 6, 7, 8, 9
　　(2) 0, 1, 2, 3, 4

考え方・とき方

❶ (1) 3
　　2537十 → 30000
　　千の位が5だから，切り上げる
　(2) 千の位を四捨五入する。
　　　0
　　754623
　　千の位が4だから，切り捨てる
　(3) 上から 3 けためを四捨五入する。
　　　2
　　6 83549
　　上から3けためが8だから，切り上げる

❷ (1) 百の位を四捨五入して 4000 になる数。
　　4025　　　　4352
　　切り捨てる　　切り捨てる
　　4　　　　　4
　　3934　　　　3995
　　切り上げる　　切り上げる
　(2) 十の位を四捨五入して，4000 になる数。
　　　　　　　40
　　4025　　　3995
　　切り捨てる　　切り上げる

❸ 一の位を四捨五入して 30 になるいちばん小さい整数は 25，いちばん大きい整数は 34。
　（35は，一の位を四捨五入すると 40 になる。）

❹ (1) 切り上げなければ 8 万にならないから，5 から 9 までの数字である。
　(2) 切り捨てなければ 8 万にならないから，0 から 4 までの数字である。

かくにんテスト②の答え　89ページ

❶ (1) 6650
　　(2) 7500 から 8499 まで
❷ (1) 8月 13日…約 3200人
　　　　14日…約 4100人
　　　　15日…約 4500人
　　(2) 1000人
　　(3) 13日…3cm2mm
　　　　14日…4cm1mm
❸ (1) 東川市…約 8 万人
　　　南谷市…約 5 万人
　　　北山市…約 7 万人
　　(2) 10000人
　　(3) 東川市…8cm　　南谷市…5cm
　　　　北山市…7cm

考え方・とき方

❶ (1) 十の位を四捨五入して 6700 になる整数は，6650 から 6749 までの数である。
　　　いちばん小さい数は，6650
　(2) 百の位を四捨五入して 8000 になる整数は，7500 から 8499 までの数である。

❷ (1) 百の位までのがい数にするのだから，十の位を四捨五入する。
　(2) 4500人 が 4cm5mm だから，1cm は 1000人 を表している。（1mm は 100人）
　(3) 13日…約 3200人だから 3cm2mm
　　　14日…約 4100人だから 4cm1mm

❸ (1) 人口を，それぞれ千の位で四捨五入する。
　(2) 長さが 10cm の方がん紙だから，いちばん多い東川市の 8 万人をかくためには，10cm を 10 万人にすればよい。だから，1cm は 1 万人にすればよい。
　(3) 1 万人が 1cm だから，
　　　東川市……8cm，南谷市……5cm，
　　　北山市……7cm

かくにんテストの答え　**92**ページ

❶ (1) 約 55000 円
　(2) 約 17000 円
❷ できる
❸ 約 16000000 円（1600 万円）
❹ 約 2000 円
❺ 30kg

考え方・とき方

❶ 千の位までのがい数にしてから計算する。
　36400→36000　18600→19000
　(1) 36000+19000=55000（円）
　(2) 36000−19000=17000（円）
❷ 少なめに見積もったほうがよいので，それぞれの代金を切り捨てて計算する。
　切り捨てて百の位までのがい数にすると，
　　575→500　320→300　235→200
　500+300+200=1000（円）
　実さいの合計金がくは 1000 円より高くなるから，福引きはできる。
❸ 400×40000=16000000（円）
❹ 400000÷200=2000（円）
❺ 60÷2=30（kg）

チャレンジテストの答え　**93**ページ

❶ (1) 約 162000 人
　(2) 約 34000 人
　(3) 約 90000 人
　(4) 約 310000 人
❷ 買える
❸ 80L
❹ 40cm

考え方・とき方

❶ 求める位までのがい数にしてから計算する。
　千の位までのがい数にすると，
　　98249→98000　63576→64000
　一万の位までのがい数にすると，

　98249→100000　63576→60000
　145825→150000
　(1) 98000+64000=162000（人）
　(2) 98000−64000=34000（人）
　(3) 150000−60000=90000（人）
　(4) 100000+60000+150000
　　=310000（人）
❷ 多めに見積もったほうがよいので，それぞれの代金を切り上げて計算する。
　切り上げて百の位までのがい数にすると，
　　380→400　176→200　90→100
　　245→300
　400+200+100+300=1000
　実さいの合計金がくは 1000 円より安くなるから，1000 円で買える。
❸ 200×400=80000　80000mL=80L
❹ 124m→120m=12000cm
　　12000÷300=40（cm）

14 小数のかけ算とわり算

かくにんテストの答え　**97**ページ

❶ (1) 65.4kg　(2) 16.8dL
　(3) 12.6kg
❷ (1) 3.92kg　(2) 47.04kg
❸ (1) 94.5m　(2) 2.76L
　(3) 208.8kg

考え方・とき方

❶ (1) 32.7×2=65.4（kg）
　(2) 2.4×7=16.8（dL）
　(3) 1.8×7=12.6（kg）
❷ (1) 0.52×6=3.12（kg）
　　3.12+0.8=3.92（kg）
　(2) 3.92×12=47.04（kg）
❸ (1) 2.7×35
　　=94.5（m）

$$\begin{array}{r} 2.7 \\ \times\ 35 \\ \hline 135 \\ 81\ \ \\ \hline 94.5 \end{array}$$

(2) $0.23 \times 12 = 2.76$ (L)

$$
\begin{array}{r}
0.23 \\
\times\ \ 12 \\
\hline
46 \\
23\ \ \\
\hline
2.76
\end{array}
$$

(3) 2.4×87
$= 208.8$ (kg)

$$
\begin{array}{r}
2.4 \\
\times\ 87 \\
\hline
168 \\
192\ \ \\
\hline
208.8
\end{array}
$$

かくにんテストの答え　99ページ

❶ (1) 0.3L　(2) 0.5kg
　 (3) 1.7m　(4) 0.26m
❷ 0.26kg
❸ 0.22L

考え方・とき方

❶ (1) $1.8 \div 6 = 0.3$ (L)
　(2) $3.5 \div 7 = 0.5$ (kg)
　(3) $6.8 \div 4 = 1.7$ (m)
　(4) $2.34 \div 9 = 0.26$ (m)

❷ 右の計算より
$2.08 \div 8$
$= 0.26$ (kg)

$$
\begin{array}{r}
0.26 \\
8\overline{)2.08} \\
16\ \ \\
\hline
48 \\
48 \\
\hline
0
\end{array}
$$

❸ 右の計算より
$1.76 \div 8$
$= 0.22$ (L)

$$
\begin{array}{r}
0.22 \\
8\overline{)1.76} \\
16\ \ \\
\hline
16 \\
16 \\
\hline
0
\end{array}
$$

かくにんテストの答え　101ページ

❶ 1.85kg
❷ 1人分1.6m, あまり 0.6m
❸ 5.25m
❹ 1.6 倍
❺ 14.065km

考え方・とき方

❶ 右の計算より
$7.4 \div 4$
$= 1.85$ (kg)
（わり切れるまで計算を
続ける。4や8でわると
きは，必ずわり切れる。）

> わる数が4や8
> のときは，いつか
> はわり切れる。

$$
\begin{array}{r}
1.85 \\
4\overline{)7.4} \\
4\ \ \\
\hline
34 \\
32 \\
\hline
20 \\
20 \\
\hline
0
\end{array}
$$

❷ 右の計算より
$15 \div 9$
$= 1.6$ あまり 0.6

あまり0.6

$$
\begin{array}{r}
1.6 \\
9\overline{)15.0} \\
9\ \ \\
\hline
60 \\
54 \\
\hline
0.6
\end{array}
$$

❸ 池などのまわりに木を
植えるとき，木の本数と
間の数は同じ。
$94.5 \div 18$
$= 5.25$ (m)

$$
\begin{array}{r}
5.25 \\
18\overline{)94.5} \\
90\ \ \\
\hline
45 \\
36 \\
\hline
90 \\
90 \\
\hline
0
\end{array}
$$

❹ 右の計算より
$56 \div 35 = 1.6$ (倍)

$$
\begin{array}{r}
1.6 \\
35\overline{)56} \\
35\ \ \\
\hline
210 \\
210 \\
\hline
0
\end{array}
$$

❺ $42.195 \div 3$
$= 14.065$ (km)

$$
\begin{array}{r}
14.065 \\
3\overline{)42.195} \\
3\ \ \\
\hline
12 \\
12 \\
\hline
19 \\
18 \\
\hline
15 \\
15 \\
\hline
0
\end{array}
$$

チャレンジテスト①の答え　102ページ

❶ (1) 43.2m　(2) 42cm
　 (3) 0.41kg, あまり 0.08kg
　 (4) 1.16m
❷ 75.6dL

❸ 234L

❹ 1.5 倍

❺ 18.15m

(考え方・とき方)

❶ (1) 0.36m の 120 倍。

0.36×120

=43.2(m)

$$
\begin{array}{r}
0.36 \\
\times\ 120 \\
\hline
7\ 20 \\
36\ \ \ \\
\hline
43.2\,0 \\
\end{array}
$$

(2) 長方形のまわりの長さ

＝(たて＋横)×2 だから

(12.4＋8.6)×2＝21×2＝42(cm)

(3) 5kg を 12 に分ける。

5÷12

＝0.41 あまり 0.08

1つ分は 0.41kg

あまりは 0.08kg

$$
\begin{array}{r}
0.41 \\
12)\overline{5.00} \\
48\ \ \\
\hline
20 \\
12 \\
\hline
0.08 \\
\end{array}
$$

(4) 分けたリボンの長さは

7－0.04＝6.96(m)

1人分は

6.96÷6＝1.16(m)

$$
\begin{array}{r}
1.16 \\
6)\overline{6.96} \\
6\ \ \ \ \\
\hline
9\ \ \\
6\ \ \\
\hline
36 \\
36 \\
\hline
0 \\
\end{array}
$$

❷ 1日の量は

1.8×6＝10.8(dL)

1週間は 7 日だから，

1週間では

10.8×7＝75.6(dL)

$$
\begin{array}{r}
1.8 \\
\times\ 6 \\
\hline
10.8 \\
\end{array}
$$

$$
\begin{array}{r}
10.8 \\
\times\ 7 \\
\hline
75.6 \\
\end{array}
$$

❸ 1日では

1.3×6＝7.8(L)

1か月では

7.8×30＝234(L)

$$
\begin{array}{r}
7.8 \\
\times\ 30 \\
\hline
234.0 \\
\end{array}
$$

❹ たかしさんの家で1日に食べられるお米の量は

360×5＝1800(g)

よしみさんの家で1日に食べられるお米の量は

300×4＝1200(g)

なので，

1800÷1200＝1.5(倍)

---

❺ 75cm の 25 倍から，つなぎ目の長さをひく。

つなぎ目が24 できる。

75×25＝1875(cm)

$$
\begin{array}{r}
75 \\
\times\ 25 \\
\hline
375 \\
150\ \ \\
\hline
1875 \\
\end{array}
$$

2.5×24＝60(cm)

1875 － 60

＝1815(cm)

1815cm ＝18.15m

$$
\begin{array}{r}
2.5 \\
\times\ 24 \\
\hline
10\ 0 \\
50\ \ \\
\hline
60.0 \\
\end{array}
$$

チャレンジテスト② の答え 103 ページ

❶ 1440L

❷ 19.7

❸ 0.75L

❹ 4.28g

❺ 5.75g

(考え方・とき方)

❶ 1時間は 3600 秒なので

0.4×3600＝1440(L)

$$
\begin{array}{r}
0.4 \\
\times\ 3600 \\
\hline
240\ 0 \\
12\ \ \ \\
\hline
1440.0 \\
\end{array}
$$

❷ わられる数＝わる数×商＋あまり

なので，ある数は

16×1.23＋0.02

＝19.68＋0.02

＝19.7

$$
\begin{array}{r}
1.23 \\
\times\ 16 \\
\hline
7\ 38 \\
12\ 3\ \ \\
\hline
19.68 \\
\end{array}
$$

❸ 24.75÷33＝0.75(L)

$$
\begin{array}{r}
0.75 \\
33)\overline{24.75} \\
23\ 1\ \ \\
\hline
1\ 65 \\
1\ 65 \\
\hline
0 \\
\end{array}
$$

④ 2.14kg＝2140g

2140÷500＝4.28(g)

```
        4.28
500)2140 0
    200
    140
    100
     4 00
     4 00
        0
```

⑤ えん筆12本の重さは

80−11＝69(g)

えんぴつ1本の重さは

69÷12＝5.75(g)

```
      5.75
12)69
   60
    90
    84
    60
    60
     0
```

15 直方体と立方体

かくにんテスト①の答え　108ページ

❶ (1) 竹ひご…12本　　ねん土…8こ

(2) 116cm

(3) 辺AB，辺DC，辺HG

(4) 辺BF，辺CG，辺DH

❷ (1) 6まい　　(2) 面AEHD

(3) 辺AB，辺DC，辺HG，辺EF

❸ 90cm

（考え方・とき方）

❶ (1) 竹ひごは辺，ねん土は頂点と同じ数。

(2) 10cmの竹ひごが4本，15cmの竹ひごが4本，4cmの竹ひごが4本だから，

10×4＋15×4＋4×4＝116(cm)

(3) 辺EFと平行な辺は同じ長さになる。

(4) 4cmの辺はすべて辺AEに平行である。

❷ (1) 立方体の各面は正方形で6つある。

(2) 面あと向かい合った1つの面。

(3) 面あと交わった4つの辺。

❸ たて，横のそれぞれの2倍と高さの4倍と，結び目が必要である。

(14＋10)×2＋8×4＝80(cm)

80＋10＝90(cm)

かくにんテスト②の答え　109ページ

❶ (1) 直方体　　　(2) 面う

(3) 面あ，面う，面お，面か

(4) 辺CB　　(5) 9cm　　(6) 3cm

❷ イ．(たて2m，横1m，高さ2m)

ウ．(たて1m，横3m，高さ3m)

エ．(たて3m，横3m，高さ1m)

オ．(たて3m，横4m，高さ2m)

（考え方・とき方）

❶ (1) 同じ長方形が2まいずつ3組あるから，直方体ができる。

(2) 展開図を組み立てたとき，面あと向かい合う面だから，面う

(3) 展開図を組み立てたとき，面えととなり合う面。向かい合う面いをのぞいたすべての面だから，面あ，面う，面お，面か

└─面えはのぞく

(4) 展開図を組み立てたとき，頂点Eは頂点Cに，頂点Fは頂点Bに重なるから，辺EFは辺CBに重なる。

(5) 辺CB＝辺NA＝9cmで，辺EFと辺CBが重なるので，辺EF＝9cm

(6) 辺CD＝辺NM＝辺LM＝辺KJ＝3cm

❷ イ，ウ，エ，オのそれぞれの点を，点アをもとにして，たて，横，高さの順にたどって，長さを調べる。

チャレンジテストの答え　110ページ

❶ (1) 面ABCD，面DHGC

(2) 面AEHD，面BFGC

(3) 長方形

(4) 面ABCD，面EFGH

❷ あ…4　　い…5　　う…6

❸ ①

（考え方・とき方）

❶ (1) 辺EFと向かい合っている面だから，面ABCD，面DHGC

面 AEFB と面 EFGH は辺 EF をふくんでいるので，辺 EF と平行な面ではない。

(2) 辺 EF と交わっている面だから，
　　面 AEHD，面 BFGC

(3) 面 AEGC は，向かい合っている辺が平行だから，平行四辺形。
　　しかも，4 つの角は直角だから，長方形。

(4) 辺 AC と辺 AE は垂直で，辺 AB と辺 AE，辺 AD と辺 AE も垂直だから，面 AEGC と辺 ABCD は垂直。
　　また，辺 EG と辺 AE は垂直で，辺 EF と辺 AE，辺 EH と辺 AE も垂直だから，面 AEGC と面 EFGH は垂直である。

2 展開図を組み立てると右の図のようになり，面あと向かい合う面は 3 だから，面あは，7−3=4

面いと向かい合う面は 2 だから，面いは，7−2=5
面うと向かい合う面は 1 だから，面うは，7−1=6

3 展開図をうつしとって，切りぬき，組み立ててみる。
②は，面が 7 つあるので，立方体の展開図ではない。（立方体の面は 6 つ）
③右の図で，面いと面おは重なるので，立方体の展開図ではない。

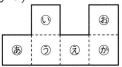

参考
立方体の展開図には，次の 11 種類があります。

---

16 問題の考え方

かくにんテスト①の答え　114 ページ

❶ 120 円
❷ (1) 18 こ　　(2) 108 こ
❸ (1) けしゴム 2 このねだん
　　(2) けしゴム…150 円
　　　　えん筆…120 円
❹ タオル…400 円　　石けん…80 円
❺ 200

考え方・とき方

❶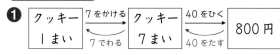

　クッキー 7 まいのねだんは，
　　800+40=840（円）
　クッキー 1 まいのねだんは，
　　840÷7=120（円）

❷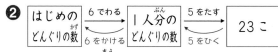

(1) 5 こもらう前の，けんとさんのどんぐりの数だから，23−5=18（こ）
(2) 18×6=108（こ）

❸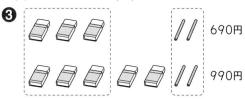

(1) □でかこんだ部分は共通だから，代金のちがいは，けしゴム 2 このねだんにあたる。
(2) けしゴム 1 こは，
　　300÷2=150（円）
　えん筆 2 本は，
　　690−150×3=240（円）
　　　　　　└ けしゴム 3 このねだん
　　240÷2=120（円）　←えん筆 1 本のねだん

❹
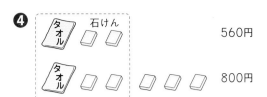

560円

800円

---の部分は共通だから,

800−560＝240(円) ←石けん3このねだん

240÷3＝80(円) ←石けん1このねだん

560−80×2＝400(円) ←タオル1まいのねだん

❺

| ある数 | 4でわる→
←4をかける | とちゅう
の数 | 30をひく→
←30をたす | 20 |

20＋30＝50 ←とちゅうの数

50×4＝200 ←ある数

かくにんテスト②の答え　115ページ

❶ (1) 28こ　　(2) 19こ
❷ 兄…37まい　　弟…23まい
❸ 80m
❹ えん筆…60円　　ノート…180円
❺ 21才

考え方・とき方

❶

(1) 妹の数に9こたすと, はるかさんと同じ数
になる。→47こに9こたすと, はるかさん
の2倍になる。

　(47＋9)÷2＝28(こ) ←はるかさんの数

(2) 28−9＝19(こ)

❷

60まいから14まいひくと, 弟の2倍になる。

　(60−14)÷2＝23(まい) ←弟のまい数

　23＋14＝37(まい) ←兄のまい数

❸

家から駅までは, 家から公園までの,

　4×3＝12(倍)

家から公園までは,

　960÷12＝80(m)

❹
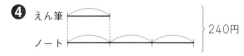

えん筆1本とノート1さつの代金が240円で,
これは, えん筆の, 1＋3＝4(倍)になるか
ら,

　240÷4＝60(円) ←えん筆1本のねだん

　60×3＝180(円) ←ノート1さつのねだん

❺
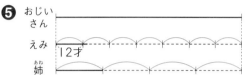

おじいさんの年れいは, えみさんの年れいの
7倍だから,

　12×7＝84(才)

お姉さんの年れいの4倍がおじいさんの年れ
いだから, お姉さんの年れいを□才とすると,

　□×4＝84　より,

　84÷4＝21(才) ←お姉さんの年れい

チャレンジテストの答え　116ページ

❶ 45g
❷ かき…120円　　みかん…90円
❸ 24こ
❹ A…140cm　　B…90cm
　C…70cm
❺ (1) 400円
　(2) 900円

考え方・とき方

❶
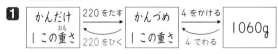

1060÷4＝265(g) ←かんづめ1このおもさ

265−220＝45(g) ←かんだけ1このおもさ

　　　なかみの重さ

2 かきを●円, みかんを▲円と表すと,

　　●＋▲…210円

これを3倍したものとくらべる。

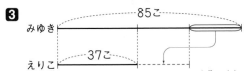

　　　●●●＋▲▲▲…210×3＝630(円)

　　　●●●＋▲▲▲▲▲…………810円

　　[　　]の中は共通だから,

　　　810－630＝180(円)　←みかん2このねだん

　　　180÷2＝90(円)　　←みかん1このねだん

　　　210－90＝120(円)　←かき1このねだん

3

みゆき ———85こ———

えりこ —37こ—

上の図より, 2人のおはじきの数を同じにするには, 85こと37この差の半分を, みゆきさんがえりこさんにあげればよい。

　　　(85－37)÷2＝24(こ)

別の考え方　同じになったときの2人の数は, 全体の数の半分だから,

　　　(85＋37)÷2＝61(こ)

えりこさんにあげる数は, 85－61＝24(こ)

4 3m＝300cm

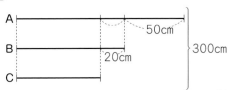

300cmから, 50cm1つと20cm2つ分をひいた長さがCの3倍である。

　　　300－(50＋20×2)＝300－90

＝210(cm)

　　　210÷3＝70(cm)　←Cの長さ

　　　70＋20＝90(cm)　←Bの長さ

　　　90＋50＝140(cm)　←Aの長さ

5

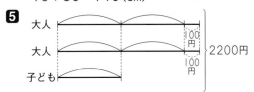

(1) 2200円から100円2つ分をひくと, 子どもの入園料の5倍になる。

　　　2200－100×2＝2000(円)

　　　2000÷5＝400(円)　←子どもの入園料

(2) 400×2＋100＝900(円)